佳能微单 R5/R6
摄影与摄像
零基础入门与提高

郑志强 编著

人民邮电出版社
北京

图书在版编目（CIP）数据

佳能微单R5/R6摄影与摄像零基础入门与提高 / 郑志强编著. -- 北京 : 人民邮电出版社，2023.4（2024.7重印）
ISBN 978-7-115-60941-0

Ⅰ. ①佳… Ⅱ. ①郑… Ⅲ. ①数字照相机—单镜头反光照相机—摄影技术 Ⅳ. ①TB86②J41

中国国家版本馆CIP数据核字(2023)第013815号

内容提要

本书是摄影零基础入门与提高系列的佳能微单 R5/R6 摄影与摄像篇。本书从用户的角度，由浅入深、循序渐进地介绍了佳能 EOS 微单的使用和拍摄技巧。本书主要内容包括完整的摄影创作思路，拍摄模式的特点与适用场景，对焦原理与佳能 EOS 微单的对焦操作，曝光与测光技法，画面虚实与画质细节，白平衡、色温、色彩及色彩空间基础理论，佳能 EOS 微单镜头系统，让照片好看的构图与用光技法，视频前期拍摄与后期剪辑的概念，以及认识镜头语言等。

本书内容系统全面，配图精美，文字通俗易懂，将佳能微单相机摄影与摄像的原理知识和方法技巧融入具体案例中，适合佳能微单相机用户及摄影爱好者阅读和学习。

◆ 编　　著　郑志强
　责任编辑　张　贞
　责任印制　陈　犇
◆ 人民邮电出版社出版发行　　北京市丰台区成寿寺路 11 号
　邮编　100164　　电子邮件　315@ptpress.com.cn
　网址　https://www.ptpress.com.cn
　北京捷迅佳彩印刷有限公司印刷
◆ 开本：880×1230　1/32
　印张：5　　　　2023 年 4 月第 1 版
　字数：213 千字　　　　2024 年 7 月北京第 6 次印刷

定价：49.80 元

读者服务热线：(010)81055296　印装质量热线：(010)81055316
反盗版热线：(010)81055315
广告经营许可证：京东市监广登字 20170147 号

前言

近 5 年数码影像器材得到空前发展，很多摄影与摄像爱好者、影像从业人员都在这段时间内初次购买或多次升级手中的影像器材。不过，将手中的影像器材升级为一款更高级别的器材，却不如将其使用好来得实在。多数用户仅仅会使用相机 1/10 的功能，如何将相机已有功能使用好？如何通过拓宽思路和提升手法来提高作品的价值和拍摄成功率？这是比升级器材更值得思考的事情。我们在学习摄影的同时，还应该学习与视频拍摄相关的知识，为视频创作打下良好的基础。作为当下最有前景的新媒体之一，短视频的普及率在最近几年呈指数级上涨，在系统地学习完本书后，也许读者可以额外开辟一条变现的道路。

本书正是基于这样一个目标，旨在让摄影与摄像爱好者对佳能 EOS 微单的摄影与摄像功能从入门到精通。本书是一本整合摄影与摄像相关理论的图书，不仅讲解摄影与摄像爱好者应该掌握的摄影基本理论，还讲解摄影及视频拍摄共通的基本理论，如曝光三要素、色温与白平衡的相互关系、对焦、测光模式、构图与用光理论等；以及拍摄视频时应该了解的软硬件知识，学习正确设置视频参数，如分辨率、视频帧数、码率、视频编码等；拍摄视频时要了解的镜头语言、运镜方式，以及剧本编写的相关知识。

本书虽然内容丰富，但并不是一本纯理论图书，涉及详细的视频拍摄操作步骤及摄影案例分析。

目录

第1章　完整的摄影创作思路

第2章　拍摄模式的特点与适用场景

第 3 章 对焦与佳能 EOS 微单对焦操作

目录

第4章 曝光与测光

第5章 画面虚实与画质细节

目录

第 8 章　照片好看的秘密：构图与用光

第 9 章　视频前期拍摄与后期剪辑的概念

第 10 章 认识镜头语言

第 11 章 佳能 EOS 微单视频拍摄操作步骤

目录

光圈 f/4，快门 30s，焦距 34mm，感光度 ISO320

第 1 章
完整的摄影创作思路

本章介绍在使用相机拍摄照片之前，需要用户掌握的拍照姿势、取景方式，以及拍摄之后将照片导入计算机的技巧等。

1.1 拍摄第一张照片

拍照姿势

摄影者右手握住相机的手柄，食指自然搭放在快门按钮上，拇指握住相机背面的防滑橡胶垫。左手在相机底部平放，托住相机机身，这时拇指和食指搭在镜头上，可以利用拇指和食指（也可以是拇指和中指，根据个人习惯）来转动镜头的对焦环和变焦环，实现对焦和变焦。

站姿：持稳相机，双臂夹紧，腰背挺直，双脚自然分开，并且左右腿稍稍错开一点位置，这样可以在一定程度上稳定身形。

蹲姿：两脚前后错开，身体稍微前倾，形成稳定的三角支撑，同时左肘支撑在膝盖上，增加相机的稳定性。

借助支撑物或依靠物：身体无法保持舒适的姿势拍摄时，可寻找周边的支撑物或依靠物，有效提高相机的稳定性。

取景方式

拍摄时，可以通过取景器或液晶显示屏来观察取景。利用液晶屏实时取景，是指将所拍摄的画面显示在液晶屏上供摄影者观察。具体使用操作为打开相机，将液晶屏向上翻转即可。当然，用户还可以根据实际的拍摄角度，来调整可旋转的液晶屏的角度。

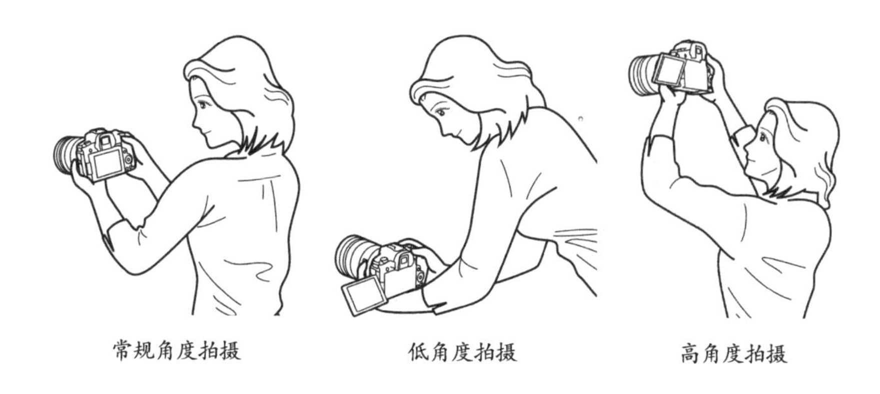

常规角度拍摄　　低角度拍摄　　高角度拍摄

正确开始拍摄照片的流程

（1）开机。

将所有配件都组装好之后，将开关拨到 ON 一侧，相机开机。

（2）设定自动对焦。

在镜头上找到 AF/MF 的切换杆，拨到 AF（自动对焦）一侧，设定自动对焦。

（3）选择全自动模式。

按下 MODE 按钮，然后选择“场景智能自动”，即全自动模式。在全自动模式下，相机将自动设置全部拍摄参数。

（4）取景，确定拍摄画面。

右手食指轻轻放在快门按钮上，然后把相机举到眼前。眼睛靠近相机上端的取景器，从取景器内可以看到将会拍摄的画面。仔细观察取景器中的画面，移动相机进行取景，轻微移动相机改变取景角度，直到获得满意的拍摄画面。

（5）半按快门按钮进行对焦。

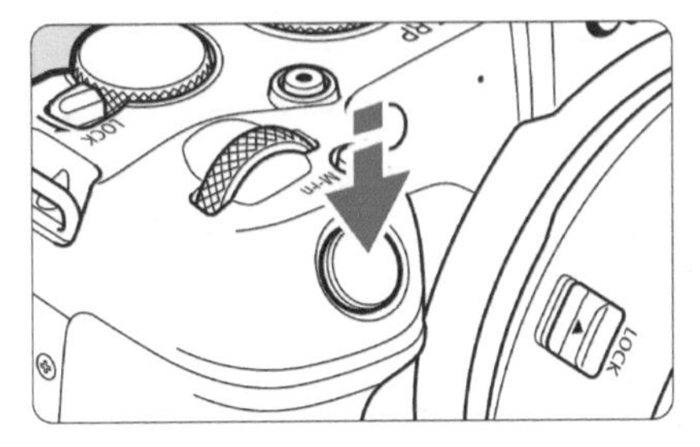

取景角度调整到位后，轻轻半按快门按钮，若发现有对焦点变红，表示对焦完成。此时可发现画面变得清晰起来。

（6）完全按下快门按钮完成拍摄。

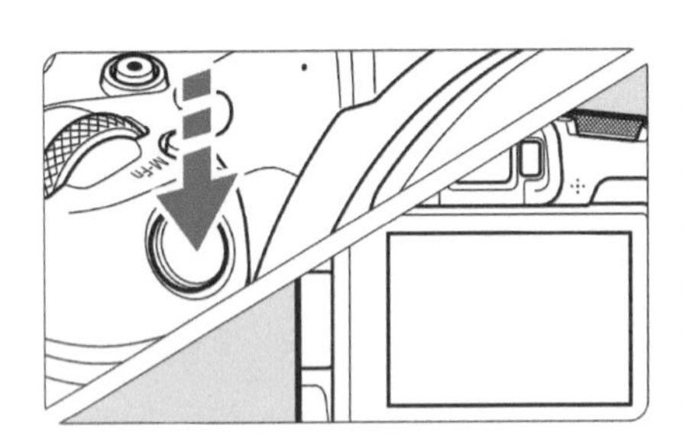

对焦完成后，不要抬起食指，而是继续将快门按钮完全按下。要注意按快门按钮时，手腕不要动，而是用食指轻轻用力按下，整个过程尽量确保相机是静止的。完全按下快门按钮的瞬间，会听到“咔嗒”一声，表示拍摄完成。

全自动模式下，相机会智能地判断所拍摄场景，确保用户拍摄到曝光准确的画面。

光圈 f/10，
快门 1/200s，
焦距 50mm，
感光度 ISO400

利用全自动模式拍摄的照片。

1.2 将照片导入计算机

拍摄大量照片之后，你的存储卡可能很快就要满了，这时需要将照片导入计算机。

使用多功能读卡器将照片导入计算机

其实更多时候，许多摄影者并不喜欢使用 USB 连接线来进行操作，而是使用多功能读卡器来复制和转存照片。平时将读卡器放在计算机附近，使用时只需把相机的存储卡取出，插入读卡器，再将读卡器插入计算机即可快速进行照片的复制、剪切等操作，更加简单、快捷。

读卡器有许多种，有些读卡器只能读取某一种卡，而有些读卡器则可以读取 CF 卡、SD 卡等多种存储卡。即便是能读取多种卡的多功能读卡器，价格也非常便宜，一般花 10～30 元即可买到。

利用 USB 连接线将照片导入计算机

（1）打开相机机身一侧的端子盖，找到在相机一端的 USB 接口。

（2）将 USB 连接线接口的一端插入相机。注意，在进行该操作时最好关闭相机。

（3）若是首次连接会发现计算机在安装相机的驱动程序，稍等一会儿之后驱动程序自动安装成功。

（4）计算机自动进入操作选择界面。在该界面中选择“浏览文件夹”选项，则可以打开相机存储卡内的文件夹，浏览所拍摄的照片，并可以将照片复制或剪切到计算机的文件夹里。

使用 Wi-Fi 或蓝牙功能

Wi-Fi 以及蓝牙是当前主流数码相机必备的功能。

佳能 EOS 微单相机（简称“微单”）搭配免费的手机客户端 Canon Camera Connect，可以实现多种互动功能，主要包括以下几种功能：

（1）所拍图像自动传输至智能手机；

（2）可以利用智能手机控制相机拍摄；

（3）可以使用智能手机浏览相机存储卡内的图像，将挑选出的心仪图像导入智能手机；

（4）能够将所拍图像直接上传到社交网络上，在“晒图”分享的时候非常方便。

开启 Wi-Fi 功能后，智能手机及其他智能设备可与相机实现良好的互动。

利用智能手机控制远处相机的拍摄，非常便利。

将所拍图像非常方便地导入智能手机。

无论是 Wi-Fi 功能还是蓝牙功能，都在相机（以佳能 EOS R5 为例）设定菜单的无线通信设置中进行设定。

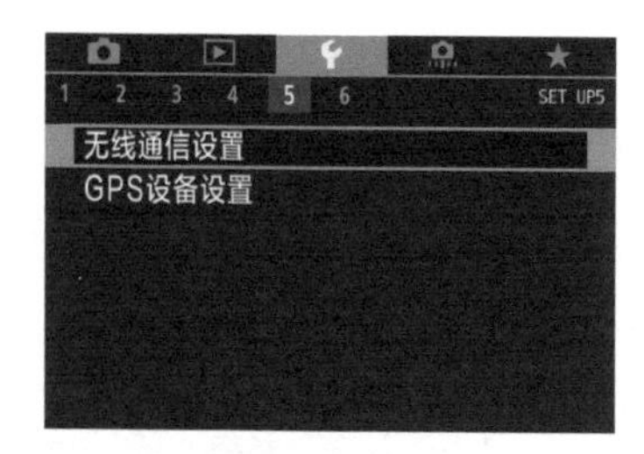

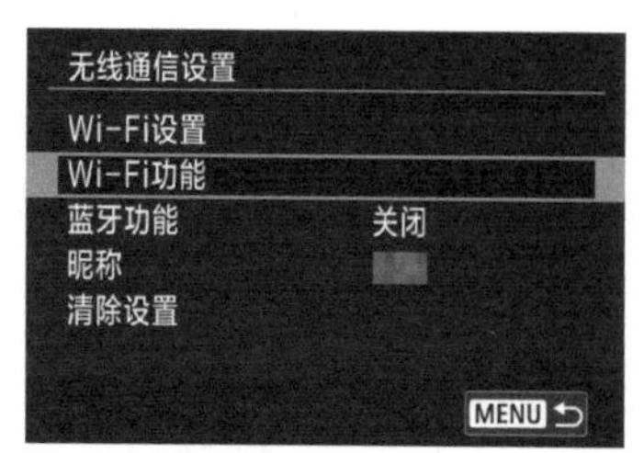

进入无线通信设置菜单后，即可选择 Wi-Fi 功能或蓝牙功能，然后按照提示进行设定。

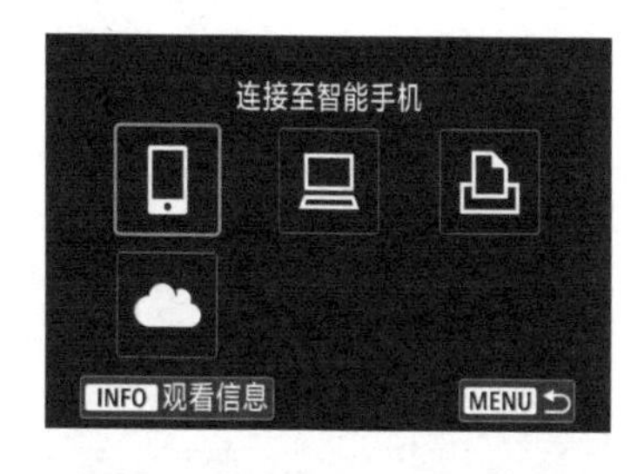

例如，用户选择 Wi-Fi 功能之后，需要选择要连接的设备，如选择智能手机。

选择智能手机后，要在智能手机上借助佳能提供的免费手机客户端 Canon Camera Connect 进行配置。

可以通过扫描上图所示二维码对客户端进行下载，分别针对 Android 和 iOS 系统。

相机与智能手机连接时，要设置密码等信息，上述只是大致的连接和配对过程。如果用户仍无法完成连接操作，可以阅读对应相机型号的使用说明书。

光圈 f/11，快门 1/500s，焦距 200mm，感光度 ISO100

第 2 章
拍摄模式的特点与适用场景

拍摄照片前，首先需要选择拍摄模式。相机内 P、Tv、Av、M 模式的基本原理是在指定特定参数的前提下，光圈、快门和感光度在相机测光数据指导下形成的组合设定。当光线条件确定时，无论采用哪种拍摄模式，都可以获得相同的曝光量。

2.1 全自动模式

全自动（AUTO）模式（也称为场景智能自动模式）就是与曝光相关的设定（如测光模式、光圈、快门速度、感光度、白平衡、对焦点、闪光灯等）都由相机自动设定，通俗地说就像过去使用的“傻瓜式相机”一样，不具备任何曝光知识的人，通常也能拍出曝光正常的照片。在这种模式下，拍摄者只需关注拍什么就行了，剩下的事情由相机来帮你决定，对没有拍摄经验的人来说，这是最便捷的拍摄模式。

全自动模式是一个方便但不自由的模式，对于想掌握较高水平的摄影知识的拍摄者，我们不提倡使用这个模式。

场景智能自动模式

光圈 f/9，快门 1/320s，焦距 11mm，感光度 ISO100

全自动模式下，由相机自行设定绝大多数参数，摄影师主要关注构图和对焦即可。

2.2 程序自动模式

程序自动（P）模式是指相机将若干组曝光程序（光圈、快门速度的不同组合）预设于相机内，相机根据被摄景物的光线条件自动选择相应的组合进行曝光。通常在这个模式下还有一个“柔性程序”（也称程序偏移），即在相机给定曝光相应的光圈和快门速度时，在曝光值不改变的情况下，拍摄者还可选择另外组合的光圈和快门速度，可以侧重选择高速快门或大光圈。

P 模式的自动功能仅限于光圈、快门速度的调节，而有关相机功能的其他设置都可由拍摄者自己决定，如感光度、白平衡、测光模式等。P 模式将自动与手动相结合：曝光自动化，其他功能手动操作。P 模式既便利又能给予拍摄者一定的自由发挥空间，摄影初学者可从此模式入手，了解相机的曝光原理和相机的功能设定。

P 模式特点

相机根据光线条件自动给出合理的曝光组合：光圈和快门速度均由相机自动设定。

P 模式适用场景：无须进行特殊设置的题材

旅行留影

光圈 f/7.1，
快门 1/250s，
焦距 130mm，
感光度 ISO100，
曝光补偿 -1.3EV

使用 P 模式在各种天气条件下都可以得到较理想的曝光效果，且光圈和快门速度的组合可以确保图像清晰。

街头抓拍

抓拍纪实作品，对瞬间的把握非常关键。相机设定在P模式，摄影师可以将技术问题都交给相机解决，而把注意力更多集中在被摄主体上，随时捕捉精彩的画面。

光圈 f/2.8，快门 1/80s，焦距 70mm，感光度 ISO360，曝光补偿 -0.7EV

光线复杂

光圈 f/9，快门 1/150s，焦距 200mm，感光度 ISO200，曝光补偿 -0.7EV

阴影、晨雾与晨曦夹杂在一起，此时相机设定在P模式进行拍摄，基本能够确保画面的曝光准确。

2.3 快门优先模式

快门优先（Tv）模式是一个由手动和自动相结合的“半自动”图像曝光模式，与光圈优先模式相对应。这一模式下快门速度由拍摄者设定（快门速度优先），相机根据拍摄者选定的快门速度结合拍摄环境的光线条件设置与快门速度配合达到正常曝光的光圈。用不同的快门速度拍摄运动物体会呈现不同的效果，“高速快门”可以使运动的物体呈现“凝结”效果，“低速快门”可以使运动的物体呈现不同程度的虚化效果。手持拍摄时快门速度的选择是保证成像清晰的关键因素。

Tv 模式的特点

用户控制快门速度，有利于抓取运动主体的瞬间或刻意制造模糊形成动感的画面。该模式下快门速度由拍摄者设定，光圈由相机根据测光结果自动设定。

用户设定快门速度后，相机会记忆设定的快门速度并默认用于之后的拍摄。测光曝光功能开启时（或半按快门按钮激活测光曝光功能），旋转主指令拨盘就可以重新设定快门速度。

安全快门速度

所谓安全快门速度，就是在拍摄时可以避免因手抖动造成的画面模糊问题。焦距越长，手抖动对画面清晰度的影响越大，此时安全快门速度就越高。

一个简便的计算公式如下：

安全快门速度≤焦距的倒数

例如，焦距为 50mm 的标准镜头，其安全快门速度是 1/50s 或更高；焦距为 200mm 的长焦镜头，其安全快门速度是 1/200s 或更高；焦距为 24mm 的广角镜头，其安全快门速度是 1/24s 或更高。

这是一个方便记忆和计算的公式，我们在拍摄时可以将其作为快门速度设定的指导。不过在这个公式里，我们没有将被摄主体的运动考虑进去。实际上，在被摄主体高速运动时，即使自动对焦系统能保证追踪到主体，但如果快门速度不够，最终拍摄到的照片仍有可能是模糊的。根据焦距计算出的安全快门速度只是摄影师的参考之一。

另外需要注意的是，使用高像素相机拍摄的照片，即使很轻微的模糊也可以在计算机屏幕 100% 回放时被看得一清二楚，因此有必要提高安全快门速度的下限。我们建议用户在未使用三脚架拍摄时，将计算得到的安全快门速度提高到原来的 2 倍——也就是说，当使用焦距为 50mm 的标准镜头时，快门速度应设置为 1/100s 或更高，这样可以保证充分发挥高像素相机的优势。

光圈 f/11，快门 1/500s，焦距 200mm，感光度 ISO250
使用 70-200mm 变焦镜头的 200mm 长焦端拍摄乌鸦的特写。由于镜头没有防抖功能，因此快门速度设定为 1/500s，以保证照片的清晰。

Tv 模式适用场景：根据运动主体速度呈现不同效果

在进行体育摄影和动感人像的拍摄时，摄影师可以运用高速快门来“凝固”运动中人物的姿态，精彩的瞬间可以被高速快门记录下来，呈现出不同寻常的影像效果。

在行驶中的车辆上抓拍窗外的风景时，也可以使用 Tv 模式。人和相机位于运动的车辆上，原本静止的风景处于相对的高速运动中。此时如想拍摄到清晰的风景照片，需要按照拍摄高速物体的规则来执行，使用 1/500s 甚至更高的快门速度。

运动主体

光圈 f/4，
快门 1/1250s，
焦距 200mm，
感光度 ISO100，
曝光补偿 -0.3EV

使用焦距为200mm的长焦镜头手持拍摄，还要抓住运动主体滞空的姿态，较高的快门速度是必不可少的。

梦幻水流

光圈 f/4，快门 0.5s，焦距 19mm，感光度 ISO320

将水流拍得像飘动的薄纱一样，必须使用长时间曝光技巧。使用 Tv 模式，将快门速度设为 0.5s，拍出的水流连成一片，具有丝绸般的质感，烘托出梦幻的气氛。

动感光绘

光圈 f/4，快门 10s，焦距 14mm，感光度 ISO1250

顾名思义，光绘技巧就是利用光源作为“画笔”，在黑暗背景的衬托下，运动的光源经过长时间曝光可以描绘出美妙的图案。如可以利用电筒在空中绘制图案与文字，或勾勒建筑等景物的边缘，还可以记录下道路上川流不息的汽车尾灯，等等。这个技巧多运用于夜景拍摄，通常需要数秒以上的快门速度。在拍摄时，摄影师特别设定的低速快门，形成模糊的彩色光影，为画面带来动感。

2.4 光圈优先模式

光圈优先（Av）模式也是一个由手动和自动相结合的“半自动”图像曝光模式，这一模式下光圈由拍摄者设定（光圈优先），相机根据拍摄者选定的光圈结合拍摄环境的光线条件设置与光圈配合达到正常曝光的快门速度。

这一模式体现的是光圈的功能优势，光圈的基本功能是和快门组合曝光，还有一个重要功能就是控制景深。选择了 Av 模式，也就是选择了“景深优先”，需要准确控制景深效果的摄影者往往会选择 Av 模式。

Av 模式特点

由拍摄者控制光圈大小，以决定背景的虚化程度：光圈由拍摄者主动设定，快门速度由相机根据光圈与现场光线条件自动设定。

光圈设定后，相机会记忆设定的光圈并默认用于之后的拍摄。测光曝光功能开启时（或半按快门按钮激活测光曝光功能），旋转副指令拨盘就可以重新设定光圈。

理解光圈

光圈的结构

光圈（Aperture）是用来控制光线透过镜头照射到感光元件的光量的装置，通常安装在镜头内部，由 5～9 个光圈叶片组成。

光圈大小的表现形式

光圈大小用 f 表示：

f= 焦距 / 光圈孔径

f 是焦距除以光圈孔径得到的数字，而光线通过的面积与光圈孔半径的平方成正比，因此 f 值大致以 2 的平方根（约 1.4）的倍数关系变化。

镜头上使用的标准光圈序列：

f/1，f/1.4，f/2，f/2.8，f/4，f/5.6，f/8，f/11，f/16，f/22，f/32，f/44，f/64。

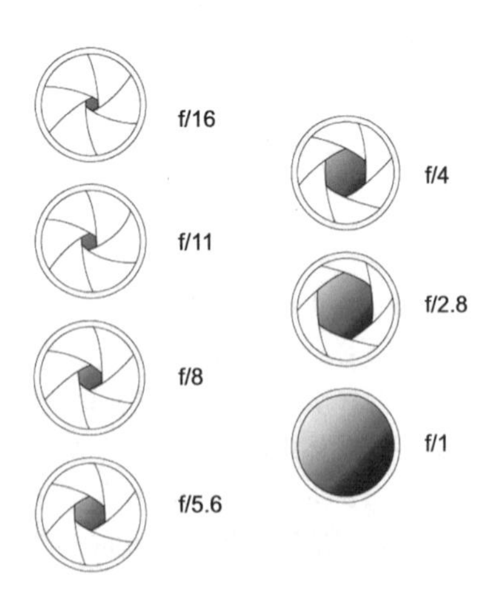

光圈对成像质量的影响

对于大多数镜头，缩小两级光圈即可获得较佳的成像质量。通常缩小光圈到 f/8 ~ f/11 范围时可以达到镜头的最佳成像质量。过大（如最大光圈）或者过小的光圈（小于 f/11）均会令成像质量下降。

光圈对曝光的影响

光圈代表镜头的通光口径。当曝光时间固定时，大光圈意味着进光量较大，曝光量较高。因此在照片曝光不足时，可以通过开大光圈来得到充足的曝光。而光线很强烈时，就需要适度缩小光圈。

光圈对虚化程度的影响

光圈孔径大	→	光圈孔径小
景深小（清晰范围小）	→	景深大（清晰范围大）
焦点外背景虚化	→	焦点外背景清晰

f/2.8　f/3.5　f/4.5　f/5.6

f/7.1　f/9　f/10　f/16

f/2.8 ~ f/16 各挡光圈下拍摄的照片对比。

拍摄特写时常用大光圈，利用浅景深得到虚化的背景，突出主体；拍摄风景时则更多用小光圈，以得到尽可能大的景深，此时画面从近到远都很清晰，信息量丰富。

Av 模式适用场景：需要控制画面景深

自然风光

光圈 f/13，快门 1/105s，焦距 10mm，感光度 ISO200

拍摄自然风光作品时，摄影师多会采用广角镜头并使用 f/8 ~ f/16 的小光圈，以获得较大景深，使前景和背景都清晰展现，让风景一览无遗。

人像写真

光圈 f/2.0，快门 1/320s，焦距 85mm，感光度 ISO200

人物是作品的主要表现对象，绿植及花卉只是点缀。使用大光圈控制景深，可以虚化背景，突出人物主体。

静物花卉

光圈 f/3.2，
快门 1/800s，
焦距 58mm，
感光度 ISO200

拍摄静物花卉作品时，景深控制可以让观看者的目光聚集在摄影师想要表达的重点位置。用特写的手法表现花朵形态，光圈开到 f/3.2，尽可能将花朵主体以外的其他元素模糊。这种以虚衬实的手法，在拍摄人像作品时也会经常用到。

2.5 手动模式

手动（M）模式，除自动对焦外，光圈、快门速度、感光度等与曝光相关的所有设定都必须由拍摄者事先完成。对于拍摄诸如落日一类的高反差场景以及要体现个人思维意识的创作性题材照片时，建议使用 M 模式。这样我们可以依照自己要表达的立意，任意地改变光圈和快门速度，创造出不同风格的影像，而不用管什么“18% 的灰度色”了。在 M 模式下曝光正确与否是需要自己来判断的，在使用时必须半按快门按钮，这样就可以在机顶液晶屏上或取景器内看到内置测光表所提示的曝光数值。

读者也许要问，何时需要手动设置？首先，只有在 Tv 模式和 M 模式下用户才能够进行长时间快门速度设定，其他模式下都是相机根据光线条件自动设定的。另外，相机的最高闪光同步速度也只能在这两个模式下设定，通常相机默认的同步速度为 1/60s。最后，由于相机内置测光表无法测量瞬间光源，因此在影棚内使用影室闪光灯拍摄时，也只能使用 M 模式参照测光表，获得正确曝光。

M 模式特点

由拍摄者自行设定快门速度与光圈，相机的测光数据作为参考：快门速度和光圈均由拍摄者根据场景特点和光线条件有针对性地设置。

M 模式适用场景：摄影师需要完全自主控制曝光

夜景建筑

光圈 f/11，快门 6s，焦距 16mm，感光度 ISO100

注意在夜景摄影中，人工光线看起来很强，其实照度远低于自然光，因此本照片这种场景，需要使用较长时间的曝光以获得充足的曝光量。

外接影室灯的拍摄

无论是在影室内拍摄人物肖像还是商品，都需要使用影室灯仔细布光。快门速度的设定需要根据闪光灯的同步速度设定，而光圈的使用要根据景深的需要进行人工设定，因此必须使用 M 模式来进行拍摄。使用佳能 EOS R5/R6 相机时，为保证与闪光型影室灯的同步速度，最好将快门速度固定在 1/25s 来进行全程拍摄。

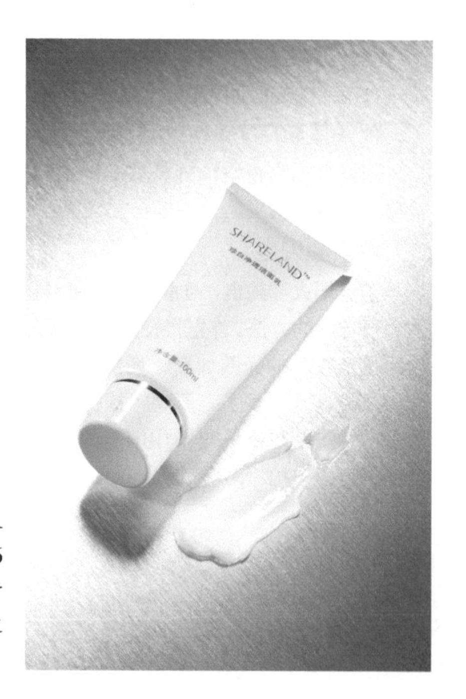

光圈 f/20，快门 1/125s，焦距 100mm，感光度 ISO100

商业类摄影图片，需要商品整体都表现清晰，因此设定光圈时通常使用 f/16 甚至更小的光圈，以保证全画面的清晰度。而为保证画面的亮度，则可以通过调整影室灯的光量输出来满足需要。

2.6 B 模式

B 模式专门用于长时间曝光——按下快门按钮，快门开启；松开快门按钮，快门关闭。这意味着曝光时间长短完全由摄影师来控制。在使用 B 模式拍摄时，最好使用快门线来控制快门开闭，这样不但可以避免与相机直接接触造成的照片模糊问题，而且可以增加拍摄的方便性，曝光时间可以长达几个小时（长时间曝光前，要确认相机的电池电量充足）。

B 模式特点

由拍摄者自行设定光圈，并操控快门按钮的开启与关闭：光圈由拍摄者主动设定，曝光时间由摄影师根据场景和题材来控制。

B 模式适用场景：超过 30s 的长时间曝光

同样可以达到长时间曝光的效果的 M 模式的最长曝光时间是 30s，而对 B 模式来说，曝光时间可以长达数个小时。

夜景星轨

同样是拍摄夜空，M 模式只能拍到繁星点点；而 B 模式，可以拍出“斗转星移”的线条感来。

烟火和闪电

拍摄烟火和闪电，通常很难预判出它们出现的时机，采用 B 模式“守株待兔”是个很巧妙的方法。首先将镜头对准烟火将出现的夜空，或经常出现闪电的位置，然后设定较小的光圈如 f/11 增加景深，而后打开并锁定快门开启，就可以等待烟火或闪电的出现了。要想“捕捉”到突如其来的闪电，需要用相机的 B 模式曝光，并等待黑暗的夜空中闪亮的瞬间。拍摄一张成功的闪电照片并不容易，需要摄影师多拍、多尝试。

光圈 f/13，快门 6s，焦距 105mm，感光度 ISO100

拍摄烟火和闪电，必须要长时间曝光。有些爱好者使用 M 模式，但其快门速度最低为 30s，这个时长是不够的。最好使用 B 模式并配合使用电子快门线，来锁定快门装置开启状态。有经验的摄影家拍摄烟火时，还会配合使用三脚架和黑卡纸遮挡镜头的方法，选择位置、色彩、形态都近乎完美的烟火进行拍摄，得到最佳的作品。

2.7 灵活优先模式

灵活优先（Fv）模式，是一种综合性非常高的模式。在该模式下，所有参数可调，如果用户调整光圈、快门速度，那么相机相当于处于 M 模式；如果只调整光圈，快门速度及感光度由相机自动设定，那么相机就相当于处于 Av 模式；同理，Tv 模式及 P 模式也是如此。

设定 Fv 模式，之后所有参数都可以通过主拨轮进行选择，然后转动副拨轮进行参数的设定。

Fv 模式下的参数控制关系列表

<table>
<tr><th>快门速度</th><th>光圈</th><th>感光度</th><th>曝光补偿</th><th>拍摄模式</th></tr>
<tr><td rowspan="2">[AUTO]</td><td rowspan="2">[AUTO]</td><td>[AUTO]</td><td rowspan="2">可用</td><td rowspan="2">相当于 P 模式</td></tr>
<tr><td>手动选择</td></tr>
<tr><td rowspan="2">手动选择</td><td rowspan="2">[AUTO]</td><td>[AUTO]</td><td rowspan="2">可用</td><td rowspan="2">相当于 Tv 模式</td></tr>
<tr><td>手动选择</td></tr>
<tr><td rowspan="2">[AUTO]</td><td rowspan="2">手动选择</td><td>[AUTO]</td><td rowspan="2">可用</td><td rowspan="2">相当于 Av 模式</td></tr>
<tr><td>手动选择</td></tr>
<tr><td rowspan="2">手动选择</td><td rowspan="2">手动选择</td><td>[AUTO]</td><td>可用</td><td rowspan="2">相当于 M 模式</td></tr>
<tr><td>手动选择</td><td>—</td></tr>
</table>

光圈 f/4，快门 1/320s，焦距 80mm，感光度 ISO100

借助于 Fv 模式，用户可以不必频繁改动模式拨盘，随心所欲地拍摄自己想要的效果。

光圈 f/4，快门 360s，焦距 10mm，感光度 ISO800（使用赤道仪辅助）

第 3 章 对焦与佳能 EOS 微单对焦操作

对焦（Focus）也称为聚焦，是指通过调整相机的对焦系统或改变拍摄距离，使被摄主体成像清晰的过程。

拍摄静态大场景画面时，完成对焦是非常简单的。这也导致许多人认为对焦非常容易，而忽视对焦的重要性，以为只要对焦成功拍出清楚的照片就可以了， 但事实上这仅限于一些静态的画面。如果针对的是较小的运动对象，你就会发现对焦是有一定难度的。另外，对焦位置的选择会对照片的清晰度、构图等产生较大影响。

本章将介绍对焦相关概念及原理，以及佳能 EOS 微单在实拍当中的对焦操作。

3.1 对焦原理与过程

对焦原理

相机的对焦是透镜成像的实际应用。透镜成像时，成像位置取决于焦距，两倍焦距之外的物体，成像会位于 1～2 两倍焦距之间。将镜头内所有的镜片等效为一个凸透镜，那拍摄的场景成像就在 1～2 倍焦距之间。

相机的感光元件一般固定在 1～2 倍焦距之间的某个位置。拍摄时，调整对焦，让成像“落”在感光元件上，就会形成清晰的像，表示对焦成功；如果没有将成像位置调整到感光元件上，那成像就不清晰，即没有成功对焦。

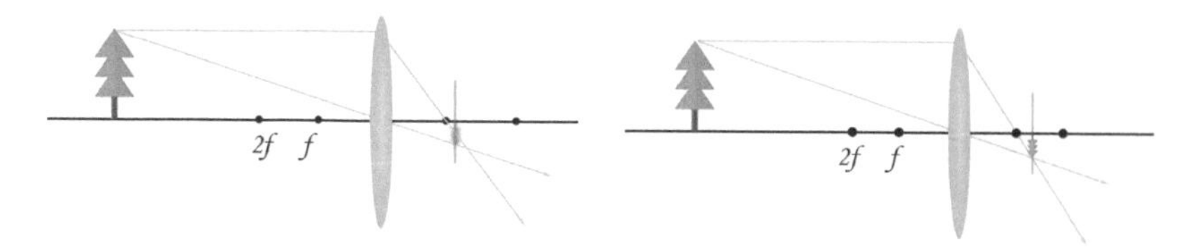

调整镜头进行对焦，让成像恰好落在感光元件上，表示对焦成功，则拍摄的照片是清晰的。

如果没有对焦成功，表示成像位置偏离了感光元件，则拍摄的照片是模糊的。

对焦成功，照片是清晰的

没有对焦成功，照片模糊

反差式对焦与相位检测对焦

小型数码相机通常采用“反差式对焦”，微单通常采用的自动对焦方式是“相位检测对焦”。

“反差式对焦”过程是：对焦启动，相机开始驱动镜头内的镜片组移动，反差量开始上升，画面逐渐清晰；当画面最清晰、反差量最高时，相机还会继续移动镜头（试图寻求更高反差量）；反差量开始下降后，相机进而反向移动镜片组，回退至反差量最高的 MAX 位置，完成对焦。

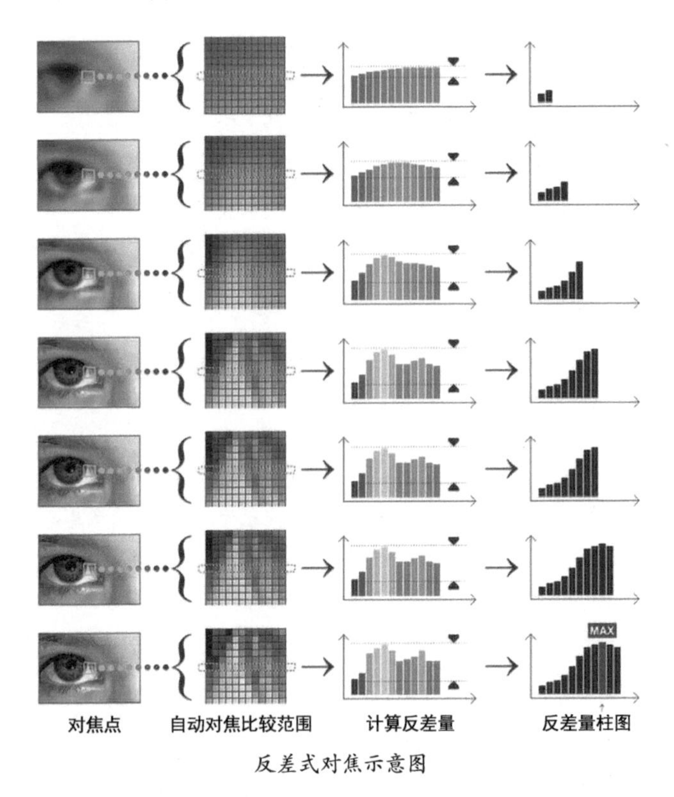

反差式对焦示意图

相位检测对焦过程是：通过分光镜将光线传送到自动对焦感应器，自动对焦感应器会对光线进行相位差计算，从而快速而精确地计算出调整方向和调整量，直接驱动镜头组到达合焦位置。下页上图中，对焦未完成的两种状态是粉色波峰偏离了参考线，对焦完成时峰值落在参考线上。相比于反差式对焦，相位检测对焦天生具有快速、准确的特点，但它需要增加相应的相位检测自动对焦单元，增加了硬件和技术成本。专业相机在拍摄时，均采用“相位检测对焦”方式，因此可以快速、精准地完成对焦。

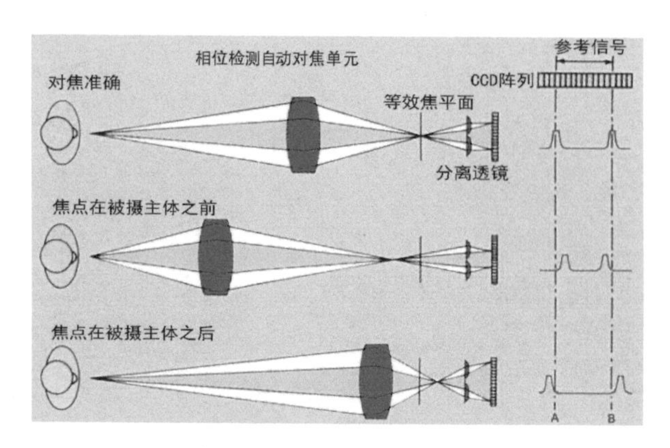

相位检测对焦示意图

两种对焦方式的不同决定了专业相机的对焦速度要远高于那些小型的数码相机。反差式对焦多用于消费类数码相机，随着镜头前后移动对焦，在反复移动中找到反差量达到最大的对焦点时，相机才会认为对焦已完成，因此合焦速度比较慢。但是，反差式对焦将对焦传感器、半反射镜取消了，由此引发的光路长度变化等顾虑也就没有了，因此提高了对焦成功率。

光圈 f/1.4，快门 1/320s，
焦距 85mm，感光度 ISO100，
曝光补偿 +0.3EV

对于一般场景，专业相机的相位检测对焦可以确保实现高速、高精度的对焦。

光圈 f/8，快门 1/2500s，焦距 200mm，感光度 ISO100，曝光补偿 -0.7EV
对于一些强逆光等极端的场景，无论用哪种对焦方式，要实现快速的自动对焦，困难都是比较大的。但整体来看，专业相机的对焦成功率依然要高一些。

自动对焦与手动对焦

相机在对焦时，对镜头内镜片的控制，是通过两个环来进行的。一个是变焦环，另一个是对焦环。变焦环改变的是取景的视角，比如我们要将极远处的景物拉近，可让景物更清晰、显示更多细节，但这样做取景的视角就小了很多。

对焦环才是决定对焦是否成功的因素。通过转动对焦环，可以调节景物的成像落在感光元件上，形成清晰的像。

佳能大部分镜头前端是对焦环，后端是变焦环

自动对焦（Auto Focus，AF）又被称为“自动调焦”。自动对焦系统根据相机所获得的距离信息来驱动镜头调节相距，从而完成对焦操作。自动对焦比手动对焦更快速、更方便，但它在光线很弱的情况下可能无法工作。手动对焦（Manual Focus，MF）是指手动转动镜头对焦环来实现对焦的过程。这种对焦方式很大程度上依赖人眼对影像的判别和拍摄者对相机使用的熟练程度，甚至拍摄者的视力。

在摄影领域，之前的很长时间内，人们一直使用手动对焦的方式进行拍摄。近年来随着电子技术的发展，利用相机机身发出的电子信号驱动镜头进行自动对焦的方式才发展起来。自动对焦时，镜头对准要拍摄的物体，半按相机快门按钮即可完成对焦，此时可以保证对焦点位置有清晰的成像效果，周围其他景物则不一定是清晰的；而手动对焦则需要拍摄者透过相机的取景器观察景物，如果对焦点处的景物不清晰，就需要手动旋转镜头上的对焦环进行调整，直到眼睛透过取景器观察到的景物清晰为止。

光圈 f/11，快门 1/50s，焦距 50mm，感光度 ISO320
绝大多数光线理想的场景中，直接使用自动对焦拍摄会有非常好的效果。

自动对焦快速、准确，为什么有时还要使用笨拙、缓慢，并且精度可能很低的手动对焦方式呢？这是因为自动对焦方式存在一定缺陷，并且这些缺陷是无法避免的。遇到一些特殊的场景，使用手动对焦的方式可能更容易完成拍摄。一般来说，手动对焦具体适合以下几种条件。

• 被摄主体表面明暗反差过低的场合，如单色的平滑墙壁、万里晴空的蓝天等。

• 现场环境光源条件不理想、较暗的场所。

• 被摄主体表面有影响对焦的对象，例如拍摄树丛中的小动物，对小动物对焦时，如果使用自动对焦方式对焦，前面的树叶可能会造成对焦误差。

• 摄影者主动使用手动对焦方式营造特定的效果，如拍摄夜景时使用手动对焦方式将灯光拍摄模糊，能够营造出梦幻的效果。

光圈 f/1.4，快门 8s，焦距 35mm，感光度 ISO4000
正确使用手动对焦，同样能获得非常清晰、锐利的画面。

合焦是指拍摄时对焦比较正常，并且对焦完成，与跑焦和脱焦是相对而言的。

跑焦是指对焦完成后，拍摄的瞬间相机又有了一个非常小的二次对焦动作，使焦点离开了原来的位置，这会使取景的对焦点并不清晰。跑焦出现的概率很低，而且多数出现在低端机型上。

并不是对焦出现问题就是跑焦，有时对焦出现问题或焦平面位置有所改变使焦点脱离的现象，不是跑焦，而是脱焦。很多人把对焦不准、使用中产生脱焦等现象全部归结为跑焦是不对的。

实时显示放大对焦与峰值对焦

实时显示放大对焦

拍摄弱光夜景时，相机先固定在三脚架上，如果使用自动对焦，可能无法完成对焦。即便远处有可用于自动对焦的灯光，但需要相机和三脚架一起向灯光方向倾斜对焦，对焦后再回到原点，这样会改变对焦距离以及取景范围。而如果取下相机进行对焦后再固定相机，也会改变对焦位置。

在液晶屏上看到放大的细节，转动对焦环实现清晰对焦。

有一种非常实用的对焦方法可解决这个问题：将相机设定为实时取景，拍摄的画面显示在液晶屏上，这时先改为手动对焦方式，以 5 倍或 10 倍的放大倍率观察取景画面内的一些小亮点，转动对焦环可以非常清晰地看到对焦是否精确，精确后直接按下快门按钮拍摄就可以了。

光圈 f/2.8，快门 361s，焦距 35mm，感光度 ISO400
利用手动对焦 + 实时显示放大对焦，对天空中的某颗亮星进行对焦，最终拍摄到清晰的星空画面。

峰值对焦

拍摄弱光场景时，设定手动对焦方式，即便放大 10 倍进行观察，旋转对焦环后是否清晰对焦仍比较难判断，往往需要反复来回旋转对焦环。但借助于峰值对焦，却可以让摄影师在进行手动对焦时变得快速、准确。

所谓峰值对焦，是指在进行手动对焦时，一旦实现了清晰对焦，被摄主体的轮廓会以彩色显示。这样可以帮助用户判定是否已经完成合焦，让完成手动对焦工作变得更加容易。

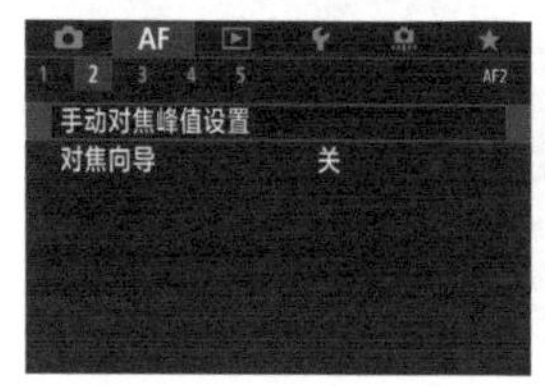

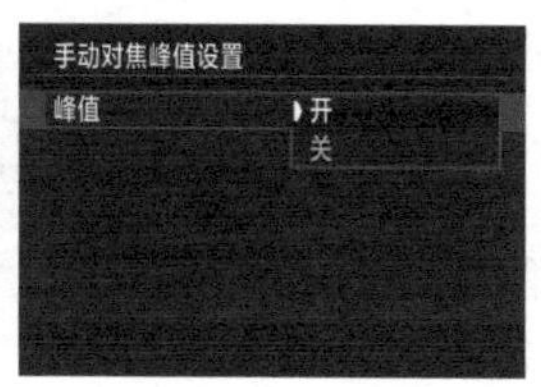

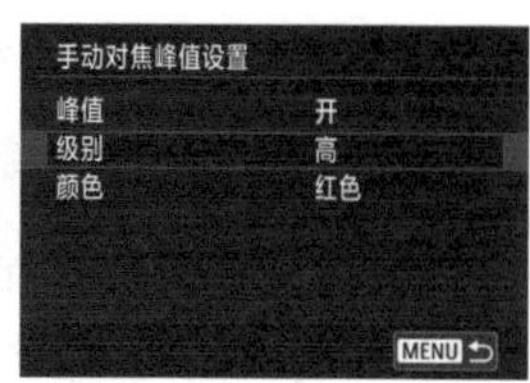

设定峰值后，还可以设定对焦的灵敏度级别，以及以哪种颜色来标注被摄主体轮廓。

需要注意的是，如果我们以 10 倍的放大倍率来观察手动对焦，峰值显示是不会出现的。另外，在极高的感光度下，噪点会非常严重，可能无法辨认出峰值对焦所标注的轮廓。

光圈 f/16，快门 6s，
焦距 50mm，
感光度 ISO100
手动对焦拍摄夜景，峰值对焦可以帮助用户判断旋转对焦环到哪个位置是最准确的对焦，从而拍摄到画质最理想的画面。

3.2 单点对焦与多点对焦

拍摄过程中，对焦时在相机取景器内可以看到的对焦的点，便是对焦点。佳能 EOS R5 相机可实现最大约为图像感应器 100%（竖直方向）×100%（水平方向）的宽阔对焦范围。当用户使用方向按键手动选择对焦点时，可选自动对焦点位数量最多可达 5940 个，而在相机自动对焦方式下，可根据被摄主体位置从最多 1053 个对焦框中自动选择。一般来说，对焦点数量越多，对相机做工的精细度要求就越高，所以说大部分高端专业机型都具有较多的对焦点。

面部追踪对焦

开启面部追踪对焦功能后，在拍摄包含人物的场景时，相机会自动追踪人物面部进行对焦。

面部追踪对焦设定界面

定点与单点自动对焦（单点对焦）

对于静态的风光题材，或某些形体较小的静态景物，适合选择单个的对焦点来拍摄。这时可以设定定点或单点自动对焦模式。这两种模式的区别主要在于定点自动对焦模式下拍摄的对焦区域更小，能够穿过密集树枝中间的孔洞、铁丝网对其后的主体进行对焦；而单点自动对焦模式则适合对一般的主体进行对焦，如对人物面部进行对焦等。

设定定点自动对焦

设定单点自动对焦

光圈 f/2.8，
快门 1/800s，
焦距 200mm，
感光度 ISO100，
曝光补偿 -0.3EV
使用定点自动对焦，即可以像本照片一样，穿透前面遮挡的铁丝网，对焦到后面的主体上。

扩展自动对焦区域（多点对焦）

拍摄生态和体育比赛，特别是赛车、足球比赛、赛马、飞鸟等被摄主体运动非常明显的题材时，摄影者需要相机快速锁定目标对象，并且在对象移动时能连续追踪。如果对焦点较多且密集，拍摄时将多个对焦点激活，这样只要被摄主体位于取景范围之内，就基本能够有效地进行对焦，体积较小的飞鸟等也能被密集的对焦点捕捉到。

设定扩展自动对焦区域

设定更大范围的扩展自动对焦区域

区域自动对焦（多点对焦）

区域自动对焦模式下，对焦点覆盖的区域是非常广的，更容易捕捉到运动对象。但要注意，使用这种模式时，会优先对距离相机最近的被摄体进行对焦。

设定最大范围的区域自动对焦

单点对焦与多点对焦的差别

拍摄时，如果设定单个对焦点进行对焦拍摄，就是单点对焦。其一般适合拍摄静态的风光、微距和人像等题材。激活多个甚至所有对焦点进行对焦拍摄，就是多点对焦。使用多点对焦进行拍摄，最终会有一个或多个对焦点闪亮实现合焦。

光圈 f/1.8，
快门 1/2000s，
焦距 50mm，
感光度 ISO100

利用单个对焦点完成对焦，我们可以非常直观地知道焦平面的位置，即照片中最清晰的位置。

利用单个对焦点完成对焦，对焦位置所在的平面就是焦平面。该平面与相机朝向是垂直的，并且在该平面内形成清晰的像。

如果有多个对焦点实现了合焦，那么多个对焦点就会有对应的多个焦平面。相机与这些焦平面的距离平均值，就是最清晰的成像平面与相机的距离值。

光圈 f/2.8，快门 1/320s，焦距 200mm，感光度 ISO100，曝光补偿 -0.3EV
利用多个对焦点实现合焦，经过平均计算才能得出焦平面的位置。所以针对这张照片，我们是无法直接判定其焦平面的。

3.3 静态与动态对焦

针对不同形体和运动状态的景物，并不是用户设定了不同的多点对焦模式就万事大吉了。因为还会涉及对焦速度以及对焦频率的问题。例如，我们选择单点对焦模式拍摄静态的风光题材时，有足够的时间来让对焦更加精准；但如果拍摄迎面跑来的对象时，我们不但要考虑对焦准确度，还要考虑对焦速度，否则等我们对焦完成后被摄主体位置发生了变化，就会脱焦。

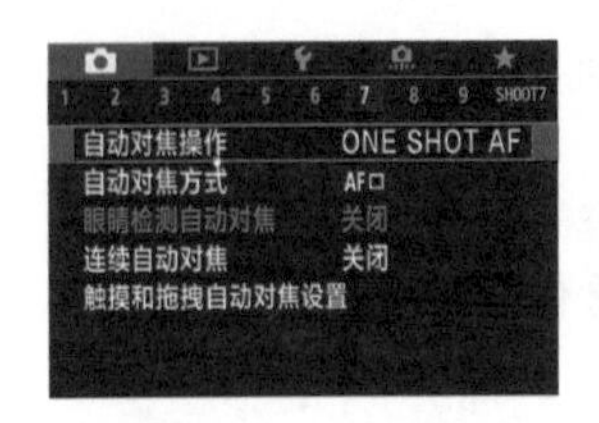

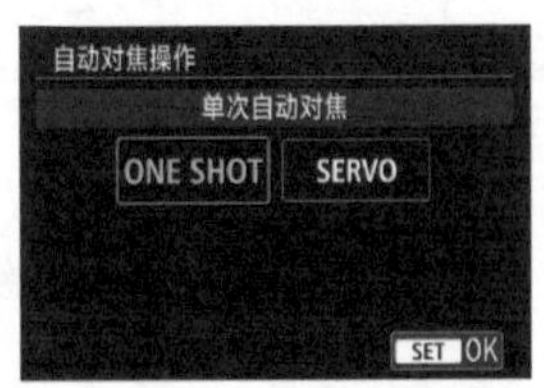

有关对焦速度和对焦频率的设定，主要是通过对焦驱动模式（主要有单次对焦和连续对焦两大类）来实现的。

单次对焦：拍摄静态主体

熟悉摄影之后，我们会体会到对焦不是机械的过程，它是需要拍摄者根据创作主题进行思考："画面的主体在哪里？哪里要实、要清晰，哪里要虚化？"而后手动指定单一对焦点对准被摄主体，引领相机完成自动对焦的过程。在拍摄静态画面时，手动选择单一对焦点，在需要的位置进行一次性精确对焦，是专业摄影人的通常选择。如果使用相机的多点对焦模式，则最终画面中清晰的部分可能不是我们想要的。

单次对焦是相机的一种自动对焦模式（在佳能相机中为 ONE SHOT，即单次自动对焦），适用于拍摄自然风光、花卉小品等静态主体。在该模式下，如半按快门按钮，相机将实现一次性对焦。成功对焦后，自动对焦点会闪烁红光，取景器中的对焦确认指示灯也会亮起。

对于大部分的静态题材，使用单次对焦 + 单点对焦的拍摄组合，能够拍摄出清晰度非常高的画面效果。

光圈 f/8，
快门 1/30s，
焦距 20mm，
感光度 ISO100
一般情况下，静态的画面多使用单次对焦模式进行拍摄，使用这种对焦模式的优点是对焦精度很高，画面较为细腻。

连续对焦：拍摄运动主体

连续对焦模式一般适用于运动主体，尤其常用于对焦距离不断变化的运动主体。在此模式下持续半按快门按钮，将会对主体进行连续对焦。

在该模式下，相机首先使用中央对焦点进行对焦，并且会对运动主体进行连续对焦。此外，即使主体从中央对焦点处移开，只要该主体被另一个对焦点覆盖，相机就会启动这个对焦点持续进行跟踪对焦。

小贴士

同样是连续对焦，在佳能微单中被称为SERVO，但在佳能单反相机中则被称为AI SERVO。

光圈f/2.8，快门1/3200s，焦距200mm，感光度ISO400使用伺服自动对焦模式拍摄高速运动中的主体，采用持续对焦的驱动方式拍摄，可以拍到非常精彩的画面。

3.4 锁定对焦与余弦误差、眼部对焦

锁定对焦与余弦误差

我们拍摄大部分题材时，可以先对焦，然后保持半按快门按钮状态锁定对焦，再移动视角重新取景、构图进行拍摄。这样非常快捷、方便，大部分情况下也能得到比较理想的照片效果。但事实上，这种对焦拍摄方式存在余弦误差，近距离拍摄人像、花卉及微距等题材时可能会产生脱焦现象。可以进行这样一个试验，近距离拍

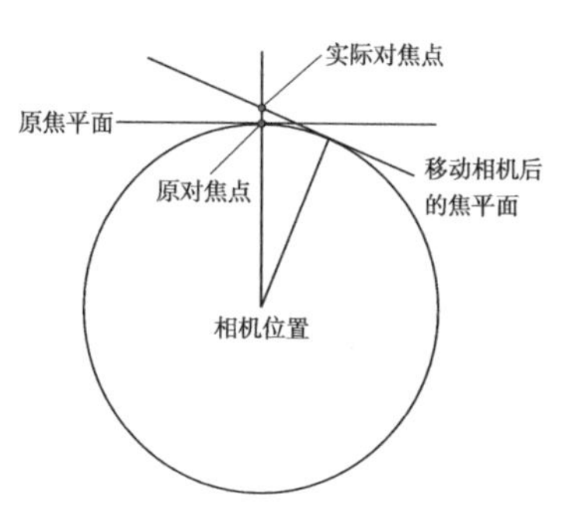

移动相机后，焦平面会有变化。

摄微距题材时，锁定对焦后移动相机，重新构图来完成拍摄，我们可能会发现期望最清晰的位置是模糊的。

所以在拍摄近距离人像、花卉及微距题材时，要先取景、构图，然后手动选择对焦点覆盖想要对焦的位置，直接拍摄。

光圈 f/8，快门 1/140s，焦距 21mm，感光度 ISO100，曝光补偿 -0.3EV
对于距离较远，并且对精度要求不是很高的题材，可以采取先对焦后构图的方式来拍摄，因为这样更方便、快捷。

眼部对焦

面部追踪对焦可以追踪人物面部，佳能比较高端的单反或微单机型，都具备眼部对焦（又称“追眼对焦”）功能。即开启眼部对焦功能后，相机可以自动识别场景中人物或动物的眼部，并持续对其进行追踪对焦，摄影师只要考虑取景、

光圈 f/1.4，快门 1/800s，焦距 85mm，感光度 ISO100，曝光补偿 -0.3EV
对于人像等题材，拍摄距离很近，并且对焦精度要求很高，就必须使用先构图后对焦的方式来拍摄，否则焦平面就会发生移动，产生失焦的问题。

取景、构图和拍摄参数设定就可以了，而不必考虑对焦问题。这样可以确保最终总能拍摄到眼部足够清晰的画面。

即在“微单时代”，只要合理运用相机的功能，就可以解决余弦误差这类原本很难解决的问题。

光圈 f/4，快门 1/125s，焦距 85mm，感光度 ISO100
借助于眼部对焦功能，由相机自动对焦在人物眼部，确保拍摄到对焦合理、清晰的人像照片。

光圈 f/11，快门 1/800s，焦距 12mm，感光度 ISO100

第 4 章 曝光与测光

精确地控制曝光，让照片合适地展现所拍摄场景的明暗反差与丰富的纹理色彩，是一张照片拍摄成功的标志之一。要掌握曝光的技巧，我们需要掌握曝光的基本概念、影响曝光的要素、测光原理、测光模式、曝光补偿等多方面的知识。

4.1 曝光与曝光三要素

认识曝光

从技术角度来看，拍摄照片就是曝光的过程。曝光（Exposure）这个词源于“胶片摄影时代”，曝光过程为拍摄环境发出或反射的光线进入相机，底片（胶片）对这些进入的光线进行感应，发生化学反应，利用新产生的化学物质记录所拍摄场景的明暗区别。到了“数码摄影时代”，感光元件上的感光颗粒在光线的照射下会产生电子，电子数量的多寡可以记录明暗区别（感光颗粒可记录红、绿、蓝 3 种颜色的颜色信息）。曝光程度的高低以曝光值来进行标识，曝光值的单位是 EV。

摄影领域非常重要的概念之一就是曝光，无论是照片的整体还是局部，其画面表现力在很大程度上都要受曝光的影响。拍摄某个场景后，必须经过曝光这一环节，才能看到拍摄后的效果。

如果曝光得到的照片画面与实际场景明暗基本一致，表示曝光相对准确；如果曝光得到的照片画面远亮于所拍摄的实际场景，表示曝光过度，反之则表示曝光不足。

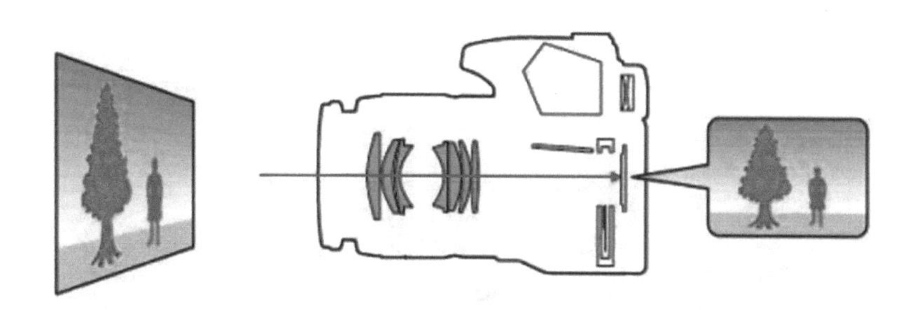

相机将所拍摄场景变为照片的过程就是曝光的过程。

光圈 f/4，快门 8s，焦距 28mm，感光度 ISO2000
我们所看到的照片都是经过相机曝光得到的。

曝光三要素

了解曝光的原理后，我们可以总结出曝光过程（曝光值）要受到两个因素的影响：进入相机光线的多少和感光元件产生电子的能力。影响光线多少的因素也有两个：镜头通光孔径的大小和通光时间的长短，即光圈大小和快门速度高低。我们用图的形式表示出来就是光圈大小与快门速度高低影响进入相机光线的多少，进入相机光线的多少与感光元件的敏感程度影响曝光程度的高低。

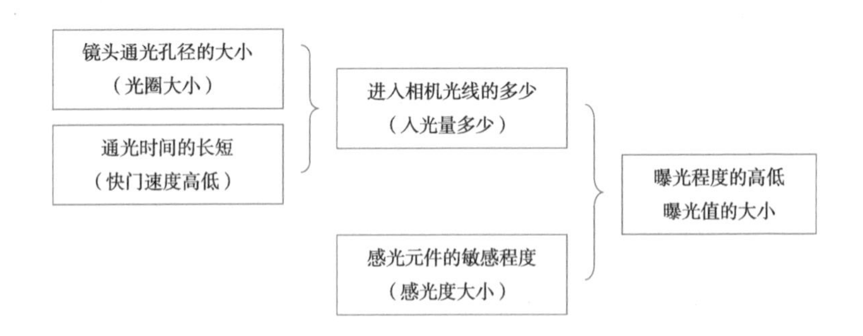

总的来说，即曝光三要素是光圈大小、快门速度高低、感光度大小。针对同一个画面，调整光圈、快门速度和感光度，曝光值会相应发生变化。例如，

在M模式下（其他模式下的曝光值是固定的，一个参数增大，另一个参数会自动缩小），我们将光圈变为原来的2倍，曝光值也会变为原来的2倍；但如果调整光圈为原来的2倍的同时将快门速度变为原来的1/2，则画面的曝光值就不会发生变化。摄影者可以自己进行测试。

光圈 f/11，快门 4s，焦距 17mm，感光度 ISO100
对光圈、快门速度及感光度进行合理设定，才能得到曝光相对准确的照片。

4.2 佳能 EOS 微单的主要测光模式

为了能够在各种复杂场景拍摄中获得准确的曝光，相机厂商开发了各种测光模式，使摄影者能够根据不同的光线环境选择不同的测光模式，从而获得正确曝光的照片。佳能 EOS 微单设定的测光模式可分为点测光模式、评价测光模式、中央重点平均测光模式、局部测光模式几种。

点测光模式

评价测光模式

中央重点平均测光模式

局部测光模式

摄影领域中最先出现的测光模式是点测光模式。随着技术的发展，才产生了评价测光等模式。

点测光模式

点测光，顾名思义，就是只对一个点进行测光，该点通常是整个画面的中心，占全画面大小 1.3% 左右。测光后，可以确保所测位置，以及与测光点位置明暗相近的区域曝光最为准确，而不考虑画面其他位置的曝光情况。许多摄影师会使用点测光模式对人物的重点部位如面部或具有特点的衣服、肢体进行测光，确保这些重点部位曝光准确，以达到抓住欣赏者的视觉中心并突出主体的效果。使用点测光模式虽然比较麻烦，却能拍摄出许多别有意境的画面，大部分专业摄影者经常使用点测光模式。

采用点测光模式进行测光时，如果测画面中的亮部，则大部分区域会曝光不足；而如果测暗部，则会出现较多位置曝光过度的情况。一条比较简单的规律就是对画面中要表达的重点或是主体进行测光，例如在光线均匀的室内拍摄的人物。

点测光模式适用范围：人像、风光、花卉、微距等多种题材。采用点测光模式可以对主体进行重点表现，使其在画面中更具表现力。

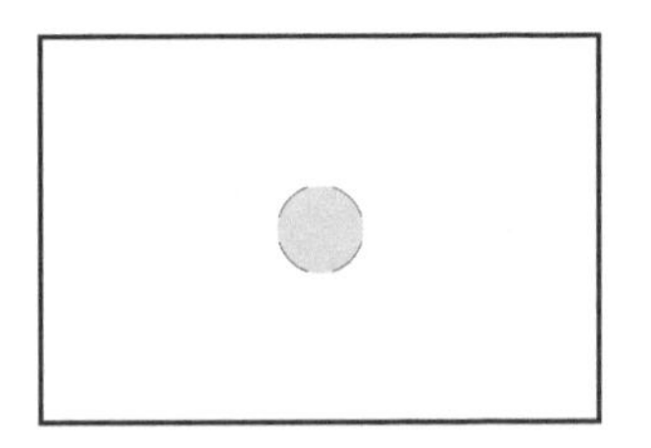

点测光模式示意图

光圈 f/8，快门 1/200s，焦距 250mm，感光度 ISO100

采用点测光模式测被光线照射的亮部时，相机会认为所拍摄场景很亮而降低曝光值，这样可以让画面的明暗反差更加明显。

评价测光模式

评价测光模式是对整个画面进行测光，相机会将取景画面分割为若干个测光区域，把画面内所有的反射光都混合起来进行计算。每个区域经过各自独立测光后，所得的曝光值在相机内被平均处理，得出一个总平均值。这样可达到整个画面正确曝光的目的。评价测光是对画面整体光影效果进行测光的一种模式，对各种环境具有很强的适应性。因此，用这种模式在大部分环境中都能够得到曝光比较准确的照片。

评价测光模式适用范围：对于大多数的主体和场景都是适用的。评价测光模式是现在大众最常使用的测光模式之一。在实际拍摄中，它所得的曝光值能使整体画面色彩真实、准确地被还原，因此广泛运用于风光、人像、静物等摄影题材。

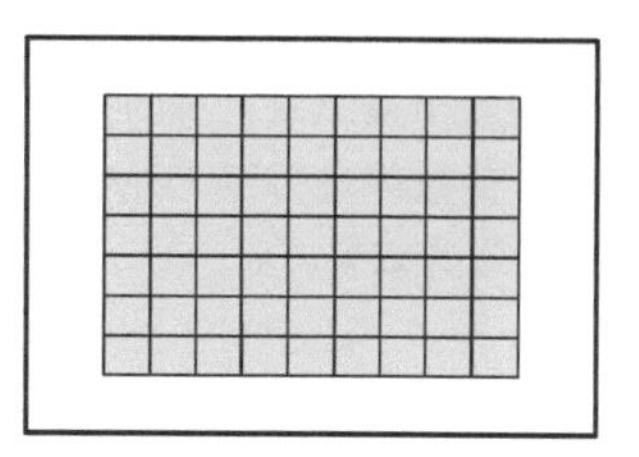

评价测光模式示意图

光圈 f/8，快门 1/320s，焦距 100mm，感光度 ISO100，曝光补偿 -0.3EV
设定评价测光模式，拍摄出整体曝光均匀、合理的照片。

中央重点平均测光模式

中央重点平均测光是一种传统测光模式， 在早期的旁轴取景胶片相机上就有应用。使用这种模式测光时，相机会把测光重点放在画面中央，同时兼顾画面的边缘。准确地说，即负责测光的感光元件会将相机的整体测光值有机地分开，画面中央部分的测光数据占据绝大部分比例，而中央以外部分的测光数据占据小部分比例起到辅助测光的作用。

中央重点平均测光模式的适用范围：一些传统的摄影家更偏好使用这种测光模式，通常在街头抓拍等纪实拍摄题材中使用，有助于他们根据画面中心主体的亮度来决定曝光值。它更借重于摄影家自身的拍摄经验，尤其是对黑白影像效果进行曝光补偿，以得到他们心中理想的曝光效果。

中央重点平均测光模式示意图

光圈 f/2.8，
快门 1/50s，
焦距 62mm，
感光度 ISO400
对人物进行重点测光，适当兼顾一定的环境，这也是很多人像题材的常见测光方法。

局部测光模式

局部测光是佳能特有的模式，是指专门针对测光点附近较小的区域进行测光。这种测光模式类似于扩大化的点测光模式，可以保证人脸等重点部位得到合适的亮度表现。需要注意的是局部测光模式的重点区域在中心对焦点上，因此拍摄时一定要将主体放在中心对焦点上进行对焦拍摄，以避免测光失误。

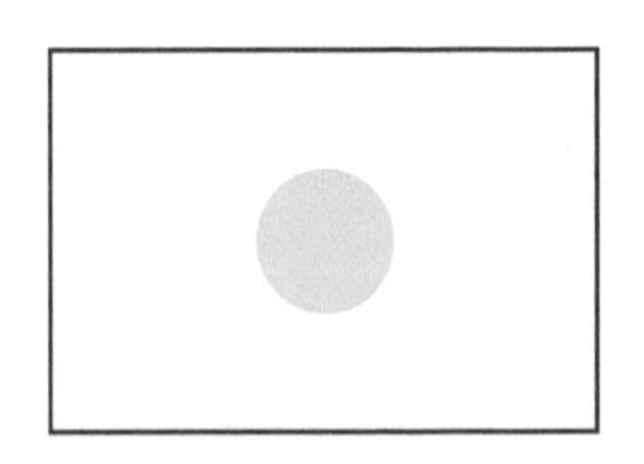

局部测光模式示意图

光圈 f/2.8，
快门 1/160s，
焦距 40mm，
感光度 ISO500
类似本画面这种拍摄，重点是人物的表现力。首先用中央对焦点对人物完成对焦和局部测光，而后锁定对焦和测光，重新构图，完成拍摄。可以看到，因为对人物正面背光的暗部测光，相机会认为场景偏暗，会提高曝光值以确保测光点附近曝光准确，但这样背景亮部就会过曝。

4.3 曝光补偿的原理与用途

曝光补偿是指拍摄时摄影者在相机给出的曝光基础上，人为增加或降低一定量的曝光值。曝光补偿在变化时并不是连续的，而是以 1/2EV 或者 1/3EV 为间隔进行跳跃式变化。早期的老式数码相机通常以 1/2EV 为间隔，一般有 8 挡：−2.0、−1.5、−1、−0.5 和 +0.5、+1、+1.5、+2。而目前主流的数码相机分挡则更精细一些，一般是以 1/3EV 为间隔的，例如 −2.0、−1.7、−1.3、−1.0、−0.7、−0.3 和 +0.3、+0.7、+1.0、+1.3、+1.7、+2.0 等。目前比较新的专业相机已经出现了 −5 ~ +5EV 甚至更高的曝光补偿范围（曝光补偿每增加 1EV，表示曝光量也增加 1 倍）。

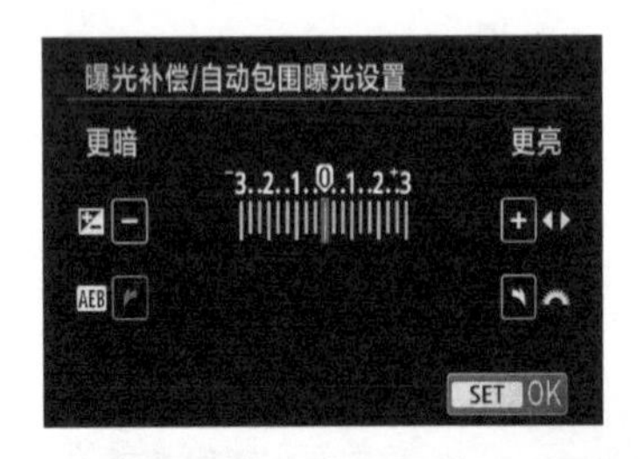

摄影师调整数值，相机内部其实是通过改变相应的曝光参数来实现补偿的。比如说，在 Av 模式下，我们增加 1EV 曝光补偿，事实上相机会自动将曝光时间延长一倍。这样就在测光确定的基础上，增加了 1 挡的曝光值。

标准曝光值，无曝光补偿

曝光补偿 −2EV

曝光补偿 +2EV

“白加黑减”

电子设备发展到今天，在很多方面已经超过了人脑。其精确、快速的处理能力无与伦比，但其本质却显得很“笨”，相机的测光即如此。我们介绍过相机以 18% 的中性灰为测光依据，这也是一般环境的反射率。在遇到高亮，如雪地等反射率超过 90% 的环境时，相机会认为所测的环境亮度过高而自动减少一定的曝光补偿，这样就会造成所拍摄的画面亮度降低而呈现灰色；反之遇到亮度较暗的环境，如黑夜等反射率不足 10% 的环境，相机会认为环境亮度过低而自动增加一定的曝光补偿，也会使拍摄的画面泛灰色。

由此可见，摄影者需要对这两种情况进行纠正，实际来看“白加黑减”就是纠正相机测光时犯下的“错误”。也就是说，在拍摄亮度较高的场景时，应该适当增加一定的曝光补偿；而如果在拍摄亮度较低甚至黑暗的场景时，要适当减少一定的曝光补偿。

光圈 f/16，快门 1/80s，焦距 54mm，感光度 ISO100，曝光补偿 +0.3EV

根据"白加"的规律，增加曝光补偿，让画面足够亮，而不是灰蒙蒙的。

光圈 f/4.5，快门 3.6s，焦距 11mm，感光度 ISO100，曝光补偿 -1.3EV

根据"黑减"的规律，减少曝光补偿，让画面足够暗。

包围曝光

当面对光线复杂的景物时，无法确定什么样的测光模式和曝光组合能够得到合适的照片，这时就需要通过多次调整不同的光圈和快门速度组合来进行尝试。佳能 EOS R5/R6 专门设有此项功能，即"包围曝光"，又称"等级曝光"。

此项功能就是相机连拍若干张照片，这些照片会以相机测定的曝光为基准，依次按照曝光正常、曝光过度、曝光不足或曝光过度、曝光正常、曝光不足等顺序拍摄。在这项功能中，曝光过度和曝光不足的多少以 ±EV 值来设定，通常加减曝光补偿的幅度是 ±0.3EV、±0.5EV、±0.7EV、±1EV。拍摄的张数也可由相机设定完成，相机按照加减曝光补偿的幅度和设定的拍摄张数完成连续拍摄。

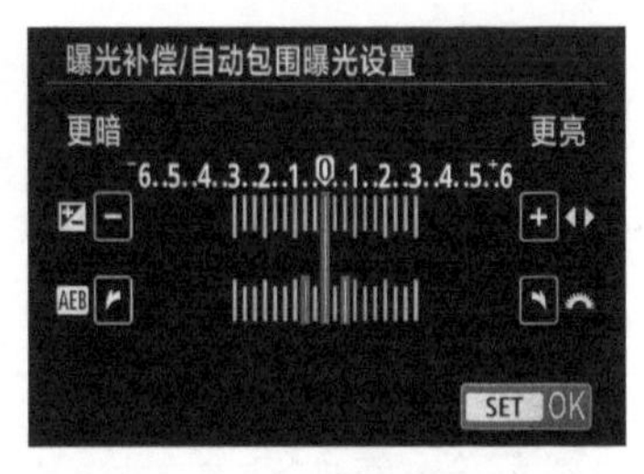

曝光补偿 / 自动包围曝光设置

4.4 完美解决高反差场景的曝光问题

相机的宽容度是指胶片或感光元件对光线明暗反差的宽容程度。当相机既能让明亮的光线曝光正确，又能让昏暗的光线也曝光正确时，我们就认为这个相机对光线的宽容度大。

相机在拍摄高反差场景时会有一些困难，一般无法同时让暗部和亮部都呈现足够多细节。但事实上，通过一些特定的技术手段，我们可以让拍摄的照片曝光比较理想。

自动亮度优化

佳能 EOS R5/R6 的自动亮度优化功能专为拍摄光比较大、反差强烈的场景所设，目的是让画面中背光的阴影部分能保有细节和层次。在与评价测光模式结合使用时，效果尤为显著。

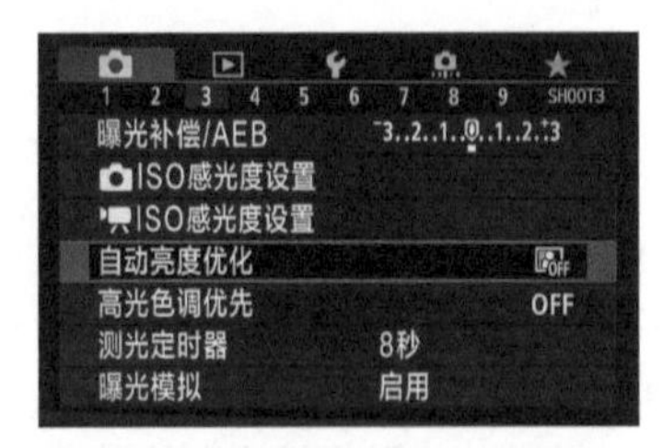

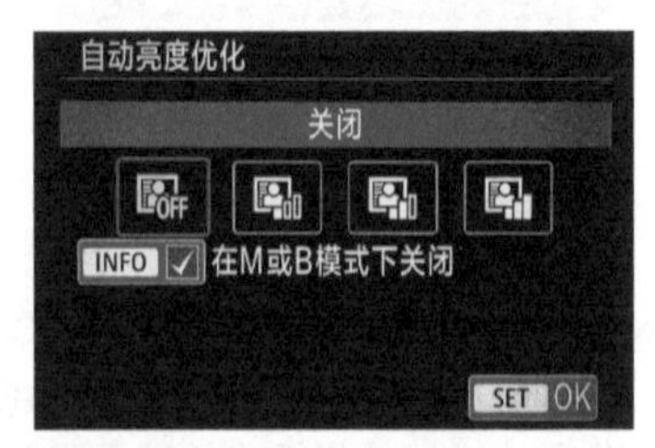

佳能 EOS R5/R6 的自动亮度优化功能可以设定为关闭、低、标准和高。

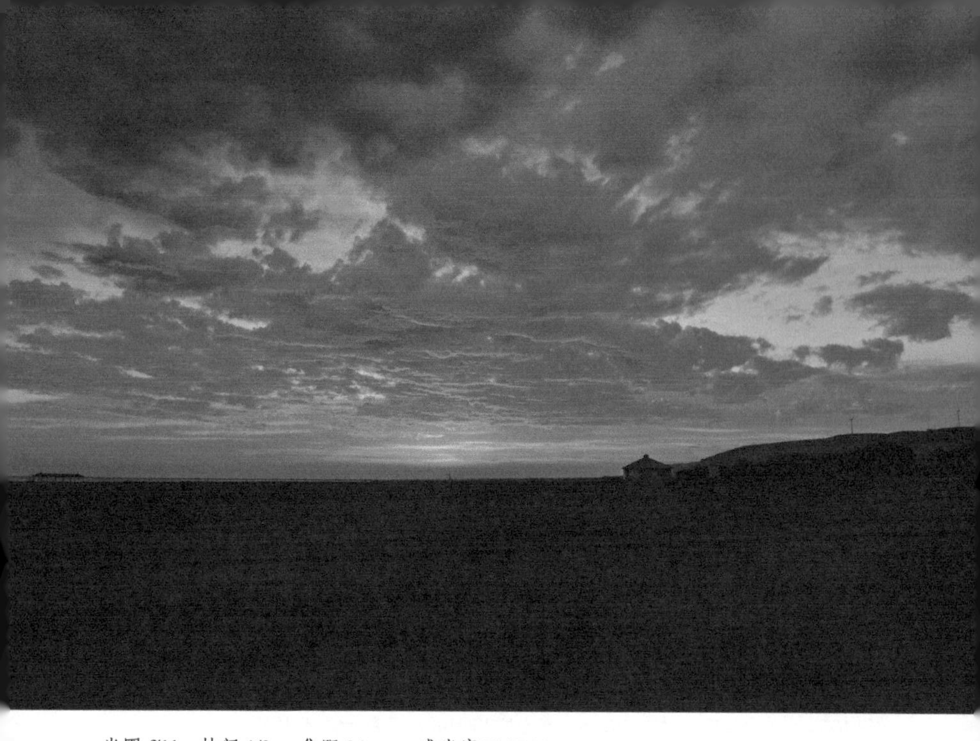

光圈 f/11，快门 1/2s，焦距 24mm，感光度 ISO200

光线非常强烈、明暗对比非常高时，设定自动亮度优化功能，可以尽可能地让背光的阴影部分呈现出更多细节。

要注意，在高反差场景设定该功能可以显示更多的影调层次，不至于让暗部曝光不足。但在一般的亮度均匀的场景，要及时关闭该功能，否则拍摄的照片将是灰蒙蒙的。

高光色调优先

高光色调优先是相机测光时，以高光部分为优化基准，用于防止高光溢出的功能。启动后，相机的感光度会限定在 ISO200 以上。高光色调优先功能对一些白色占主导的题材很有用，例如白色的婚纱、白色的物体、天空的白云等。

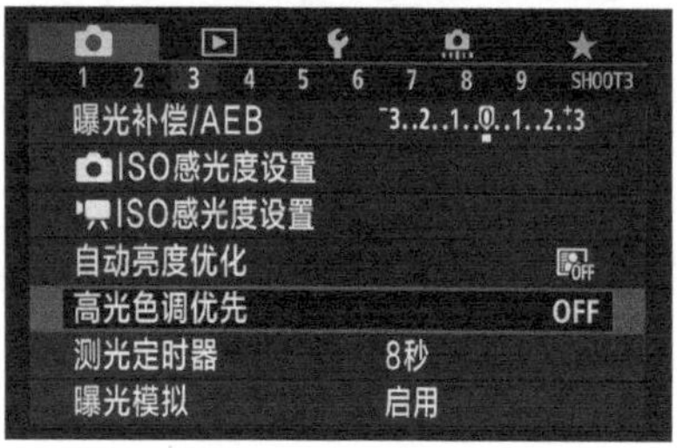

1 2 3 4 5 6 7 8 9 SHOOT3
曝光补偿/AEB
ISO感光度设置
ISO感光度设置
自动亮度优化
高光色调优先 OFF
测光定时器 8秒
曝光模拟 启用

高光色调优先功能的设定菜单 1

高光色调优先
关闭 OFF
启用 D+
增强 D+2
INFO 帮助
SET OK

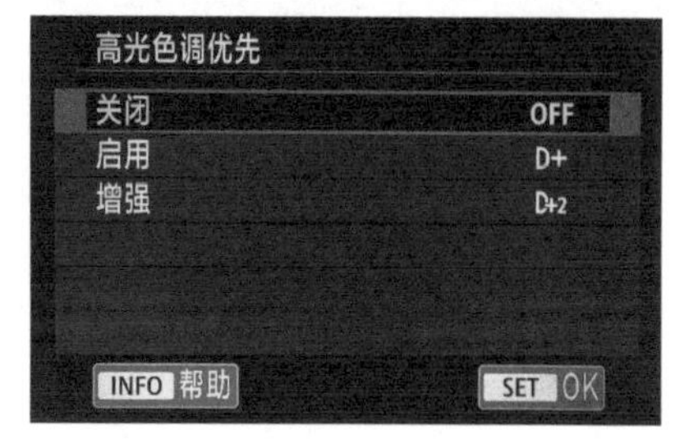

高光色调优先功能的设定菜单 2

光圈 f/13，快门 1/320s，焦距 19mm，感光度 ISO100，曝光补偿 -0.3EV

画面中天空的亮度非常高，如果要让这部分曝光准确且尽量保留更多细节，场景中的其他区域势必就会因曝光不足而变得非常暗。这时开启高光色调优先功能，即可解决这一问题。

相机自带 HDR 模式

HDR（High Dynamic Range，高动态范围）模式是指通过数码处理补偿明暗差，拍摄具有高动态范围的照片表现方法。相机可以将曝光不足、标准曝光和曝光过度的 3 张图像在相机内合成，拍出没有高光溢出和暗部缺失的图像。选择 HDR 模式可以调整动态范围为自动、±1EV、±2EV 或 ±3EV。

1 2 3 4 5 6 7 8 9 SHOOT5
长时间曝光降噪功能 OFF
高ISO感光度降噪功能
除尘数据
触摸快门 关闭
多重曝光 关闭
HDR模式 关闭HDR
对焦包围拍摄 关闭

HDR 模式的设定菜单 1

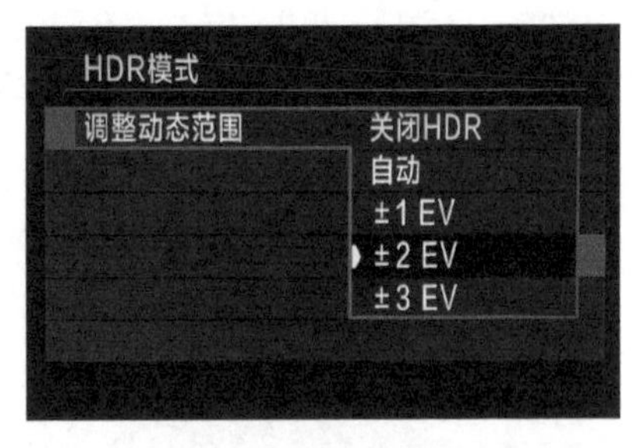

HDR 模式的设定菜单 2

光圈 f/14，
快门 1/70s，
焦距 10mm，
感光度 ISO200
拍摄逆光场景时，为让暗部曝光正常，可以使用HDR模式来拍摄。

4.5 多重曝光

多重曝光其实并不复杂，有胶片摄影基础的用户更会觉得它简单。但由于佳能在 2011 年及之前的机型中都没有内置这个功能，所以佳能用户会觉得其比较新鲜。从佳能 EOS 5D Mark Ⅲ开始，佳能之后的中高档机型中均搭载了多重曝光功能。多重曝光次数范围为 2 ~ 9，有多种多重曝光控制方式可选，如“加法”“平均”等。佳能的有些机型对该功能进行了一定程度的简化，操作时非常简单。

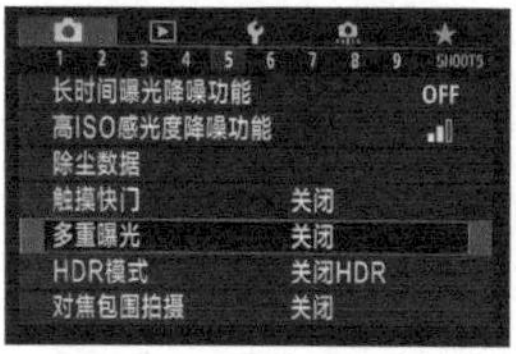

多重曝光功能设定菜单 1 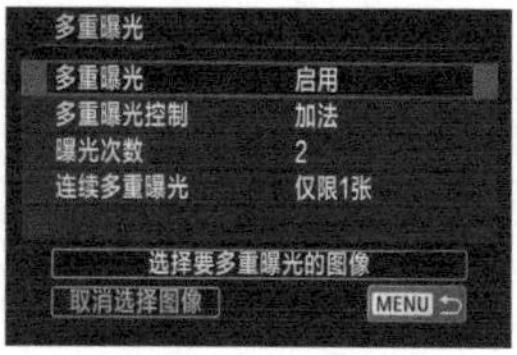　　多重曝光功能设定菜单 2 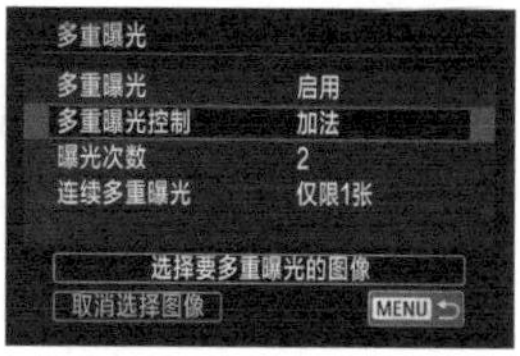　　多重曝光功能设定菜单 3

光圈 f/8，
快门 1/1000s，
焦距 854mm，
感光度 ISO6400

“加法”就像胶片相机一样，简单地将多张图像重合。由于不进行曝光控制，合成后的图像比合成前的图像明亮。

光圈 f/1.2，快门 1/2000s，焦距 85mm，感光度 ISO400，曝光补偿 -0.7EV

“平均”指在进行合成时控制照片亮度，针对多重曝光拍摄的张数自动进行曝光补偿，将合成的照片调整为合适的曝光。

光圈 f/8，快门 1/3200s，焦距 50mm，感光度 ISO12800

“明亮”和“黑暗”是将基础的图像与合成其上的图像比较后，只合成较亮或较暗的部分，适合在想要强调被摄主体轮廓的图像合成时使用。图中所示就是用“黑暗”这种方式只合成了人物的剪影。

光圈 f/16，快门 1/6s，焦距 16mm，感光度 ISO100

第 5 章 画面虚实与画质细节

画面所表现出来的虚实、动静，以及画质细节，是与光圈、快门速度、感光度这几个主要因素有关系的。其中，光圈可以控制照片的清晰和虚化程度；快门速度可以控制运动景物的动静效果；感光度则对画质细节有非常大的影响。

5.1 景物虚实之间：实拍中光圈的设定

初学者可能对一些特定类型的照片感兴趣，例如，可能会感觉部分景物清晰，而另外一些景物虚化、模糊的画面非常漂亮。这种虚化、模糊并不是因为相机抖动或没有完成对焦产生的，而是通过对相机拍摄参数的设定来实现的。摄影中通常用景深来描述这种虚（虚化、模糊的部分）、实（清晰的部分）的效果。

认识景深三要素

通俗地说，景深就是指拍摄的照片中，对焦点前后能够看到的清晰对象的范围。景深以深浅来衡量，清晰对象的范围较大，是指景深较深，即远处与近处的对象都非常清晰；清晰对象的范围较小，是指景深较浅，这种景深较浅的画面中，只有对焦点周围的对象是清晰的，远处与近处的对象都是虚化、模糊的。营造画面各种不同的效果都离不开景深范围的变化，风光画面一般具有很深的景深，远处与近处的对象都非常清晰；人物、微距等题材的画面一般景深较浅，能够突出对焦点周围的对象。

在中间的对焦位置，画质最为清晰，对焦位置前后逐渐变得模糊。在人眼所能接受的模糊范围内，就是景深。

光圈 f/3.5，
快门 1/200s，
焦距 100mm，
感光度 ISO100

从实拍图上可以看出，对焦位置非常清晰，而其向前或向后位置都比较模糊，基本可以看出画面的景深范围。

光圈越大，景深越浅。

光圈 f/2，快门 1/1250s，焦距 85mm，感光度 ISO100

一般情况下，使用大光圈拍摄照片时，很容易就可以获得较浅的景深，背景可以得到很好的虚化。并且如果在不改变拍摄位置、焦距等的前提下，随着光圈的变大，我们拍摄的照片景深会越浅。在拍摄人像时，大光圈的虚化效果是很明显的。因此人像摄影爱好者使用的定焦镜头往往具有较大的光圈。本画面即使用 f/2 的大光圈拍摄，获得了很好的背景虚化效果。

光圈 f/3.2，快门 1/400s，焦距 200mm，感光度 ISO100

花卉摄影中，有时为了获得很好的背景虚化效果，也要使用大光圈拍摄。

焦距越大，景深越浅。

光圈 f/5.6，快门 1/360s，焦距 200mm，感光度 ISO100

再来看另一张照片，光圈为 f/5.6 的中等光圈，但背景仍然得到了很好的虚化。之所以有这种虚化效果，是因为拍摄时的焦距设定是非常大的，有 200mm。

物距越小，景深越浅。

光圈 f/11，
快门 1/800s，
焦距 105mm，
感光度 ISO400

这张照片光圈为 f/11，但观察照片可以发现景深却比较浅，背景虚化的效果很好。光圈小，焦距并不算太大，为什么景深还是很浅呢？原因只有一个，即在拍摄时镜头距离主体的距离是很近的。

分离性光圈与叙事性光圈

分离主体的大光圈

人像摄影题材中，大光圈的运用比较多，这样可以获得较浅景深，使人物主体清晰，而背景及杂乱的前景比较模糊，能够极大地突出人物主体形象。类似的还有微距、生态、体育等摄影题材。在这些题材中需要将主体或主体的重要部位从环境中整体提取、分离出来，重在给予特写。使用大光圈正好能够符合这种分离主体的要求，因此大光圈也可以称为分离性光圈。

光圈 f/4，
快门 1/1600s，
焦距 200mm，
感光度 ISO100

因为前景相对比较杂乱，要将动物主体从环境中分离出来进行特写，所以需要使用稍大一点的分离性光圈，以及较长的焦距进行拍摄。

光圈 f/2，快门 1/500s，焦距 85mm，感光度 ISO100

拍摄人像写真时，建议使用较大的光圈，设定焦距为 50mm 以上。拍摄距离视全身、半身、特写照而定，并根据具体情况前后适当移动拍摄位置，使背景获得不同程度的虚化效果，从而使人物形象更加突出。

光圈 f/2.8，快门 1/80s，焦距 60mm，感光度 ISO100

在商店、商场中拍摄一些商品时，往往需要设定大光圈、长焦距来进行拍摄，将部分商品从整个环境中抽离出来，这样可以避免杂乱背景带来的干扰。

叙事性强的小光圈

一般情况下，拍摄大场面的风光时，要求画面远处与近处的景物都非常清晰，所以应使用小光圈。这样可以获得最大程度的景深效果，将全画面的美景“尽收眼底”。另外，拍摄一些纪实类题材时，要向欣赏者传达更多的故事性信息，所以要求画面的环境表现更强一些。这种情况也需要使用小光圈拍摄景深较深画面，使照片整体清晰，能够表现出更多的画面信息。

正常来看，小光圈能够拍出景深较深效果，重在叙事。在实践中我们可以将其称为叙事性光圈，主要用于需要拍摄较多清晰画面的题材。

光圈 f/8，快门 1/400s，焦距 165mm，感光度 ISO100
风光摄影题材中需要使用叙事性光圈将远景与近景都非常清晰地显示出来。

光圈 f/8，快门 1/80s，焦距 28mm，感光度 ISO320
纪实摄影题材中需要记录更多的环境细节，使用叙事性光圈拍摄较为理想。

光圈 f/8，快门 1/320s，焦距 21mm，感光度 ISO200

要表现建筑的构成时，中小光圈既有利于表现更好的画质，又可以获得较深景深，让各部分都清晰地显示出来。

5.2 感光度应用与降噪技巧

感光度的相关设定

相机（以佳能 EOS R5 为例）可以将感光度的步长值设置为 1/2 或 1/3 步长。其与曝光补偿的步长设定类似，可以设定整数倍的变化，也可以设定 1/3 步长的变化幅度。利用这种精确的步长设定，可以细微地控制感光度的数值，缺点是在实际拍摄过程中操作略显复杂。在拍摄变化场景时，有经验的摄影师需要快速调整感光度到指定数值，因此会根据自己的需求设定感光度的步长值。

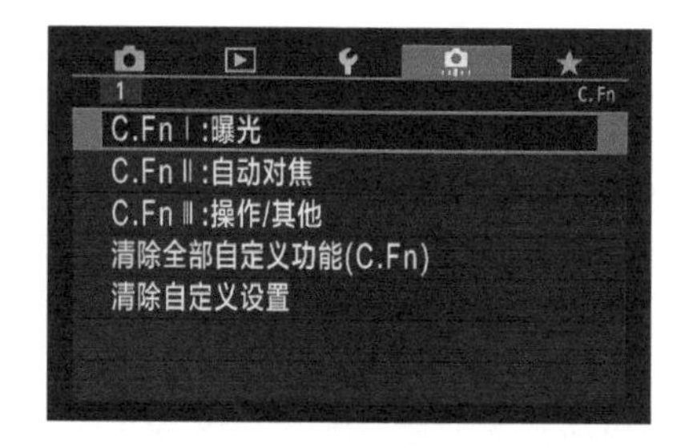

步长值大，调整感光度的变化幅度大，操作更快速；步长值小，调整感光度的变化幅度小，操作更精细。

感光度ISO标准的来历与等效感光度

感光度ISO标准原是作为衡量胶片感光速度的标准，它是由国际标准化组织（International Organization for Standardization）制定的。在传统相机中使用胶片时，感光速度是附着在胶片片基上的卤化银元素与光线发生反应的速度。我们可以根据拍摄现场光线强弱和不同的拍摄题材，选择不同感光度的胶片。常见的如ISO50、ISO100的低速胶片，适合于拍摄风光、产品、人像等；ISO200、ISO400的中速胶片，适合于拍摄纪实、纪念照等；ISO800、ISO1000的高速胶片，适合于体育运动的拍摄。数码相机感光元件对光线的敏感程度可以等效转换为胶卷的感光度值，即等效感光度。

在数码相机中，低感光度下，感光元件对光线的敏感程度较低，不容易获得充分的曝光值。提高感光度值，感光元件对光线的敏感程度变高，更容易获得足够的曝光值。这与光圈大小对曝光值的影响是一个道理。

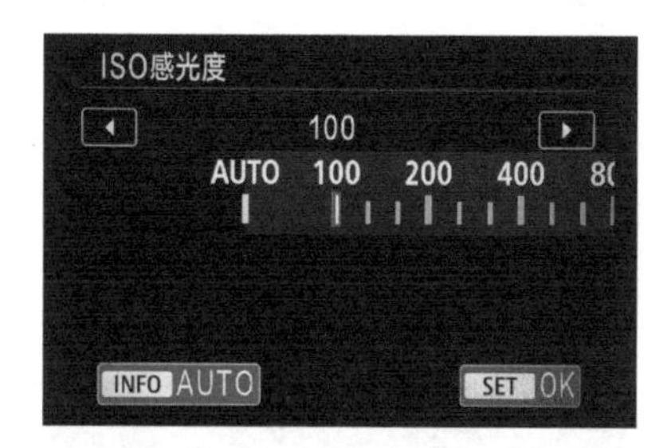

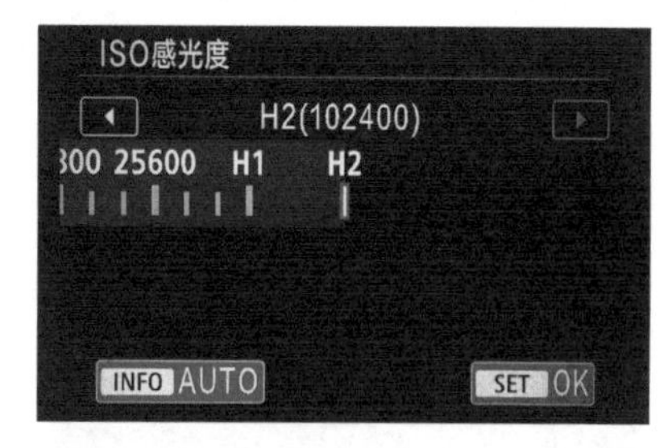

以佳能EOS R5的常规最低感光度为ISO100，并可扩展为最低ISO50；常规最高感光度为ISO51200，并可扩展为最高ISO102400。

噪点与画质

曝光时感光度不同，最终拍摄画面的画质也不相同。感光度发生变化，即改变感光元件（CCD/CMOS）对光线的敏感程度，具体原理是在原感光能力的基础上进行增益（比如乘以一个系数），增强或降低所成像的亮度，使原来曝光不足、偏暗的画面变亮，或使原来曝光正常的画面变暗。这就会造成另一个问题，在加亮时，会同时放大感光元件感应到的杂质（噪点），这些噪点会影响画面的效果，并且感光度越高（放大程度越高），噪点越明显，画质就越粗糙；如果感光度较低，则噪点就变得很弱，此时的画质比较细腻、出色。

局部放大后可以发现暗部噪点非常明显。

光圈 f/4.5，快门 30s，焦距 16mm，感光度 ISO6400

拍摄星空时，为避免快门速度过低而造成星星拖尾问题，可设定高感光度进行拍摄。但这样画面中不可避免会产生噪点，并且感光度越高，噪点越明显。

降噪技巧

为降低使用高感光度拍摄照片时产生的噪点，优化照片画质，通常需要开启相机中的高 ISO 感光度降噪功能。这个功能是通过相机内的模拟计算来消除噪点的。

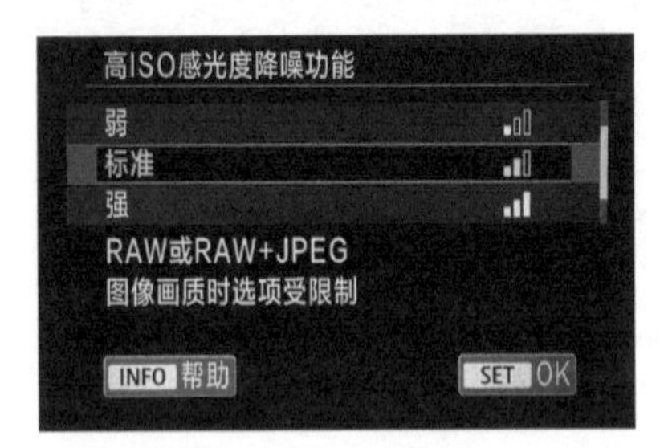

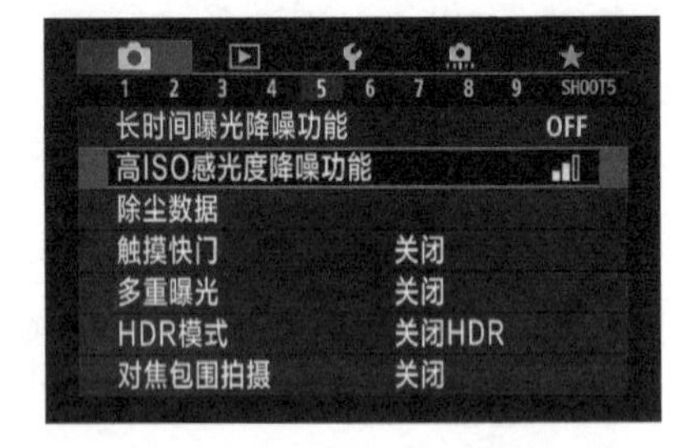

高 ISO 感光度降噪功能一共有 4 挡，分别为关闭、弱、标准和强。越强的降噪能力，对噪点的消除效果也越好，但是强降噪会让照片的锐度下降，并损失一些正常的像素细节。

在ISO100 ~ ISO1600范围，高ISO感光度降噪功能设置为“关闭”

相机（以佳能 EOS R5 为例）在 ISO100 ~ ISO1600 设置下，曝光准确时，拍摄的图像画质均很高，色斑状的色彩噪点几乎没有，表现为亮度噪点的图像颗粒虽然在 ISO1600 时稍有增加，但图像的解像度很好。此时如果开启高 ISO 感光度降噪功能，会降低图像的锐度。因此在 ISO100 ~ ISO1600 范围，建议将高 ISO 感光度降噪功能设置为“关闭”。

在ISO1600 ~ ISO3200范围，高ISO感光度降噪功能设置为“弱”

轻度降噪可保证高像素优势，在 ISO1600 ~ ISO3200 范围进行拍摄，图像中的亮度噪点变得非常明显，呈现粗糙的颗粒感。此时可以将高 ISO 感光度降噪功能设置为“弱”，以保证图像低噪点的平滑解像效果。

光圈 f/4，快门 1/250s，
焦距 50mm，
感光度 ISO3200，
曝光补偿 -1.3EV
夜晚如果以手持方式拍摄夜景，设定 ISO1600 以上的高感光度是必需的，此时建议设置高 ISO 感光度降噪功能为“弱”。

在ISO3200 ~ ISO6400范围，高ISO感光度降噪功能设置为“标准”

ISO3200 ~ ISO6400 属于典型的高感光度范围，此时色斑状的色彩噪点以及表现为亮度噪点的图像颗粒都变得非常明显。此时将高 ISO 感光度降噪功能设置为“标准”，可以很好地去除噪点，使画面平滑、色斑消失。

光圈 f/1.4，快门 10s，
焦距 24mm，感光度 ISO4000
在夜间拍摄“银河”时，要设定足够的快门速度以防止星星拖尾。相机设定超高的感光度是肯定的，本照片使用 ISO4000 拍摄，高 ISO 感光度降噪功能设置为“标准”。

在ISO6400以上，高ISO感光度降噪功能设置为“强”

在光照严重不足的条件下进行手持拍摄时，使用 ISO6400 以上的超高感光度可以获得较高的快门速度，有效防止拍摄时手和相机抖动造成的模糊。需要注意的是，当使用 ISO6400 以上的高感光度时，色彩噪点和亮度噪点都会明显增多，推荐此时将高 ISO 感光度降噪功能设置为“强”，以获得符合视觉欣赏习惯的照片效果。

光圈 f/4，
快门 30s，
焦距 16mm，
感光度 ISO10000
拍摄星空银河时，必须要使用超高的感光度才能实现，本画面使用 ISO10000 拍摄，高 ISO 感光度降噪功能设置为“强”。

拍摄较暗的场景时，为避免使用高感光度产生大量的噪点，我们使用低感光度，或进行降噪。进行长时间曝光会怎样呢？其实也会产生非常明显的噪点。因为通过长时间的感光来让感光元件获得充足的曝光量时，感光元件也会长时间响应干扰信号，最终在成像画面中同样形成一些严重的噪点。

因此相机都设定了长时间曝光降噪功能。如果开启了长时间曝光降噪功能，那么降噪处理是在相机完成曝光后自动进行的，这一处理过程所花费的时间接近曝光所用的时间。如使用了 30s 的长时间曝光，那么降噪处理过程也将在 30s 左右。在降噪处理过程中，我们无法进行下一次拍摄，必须耐心等待。在连拍释放模式下，相机的连拍速度会降低，在照片进行降噪处理期间内存缓冲区的容量也将减少。

摄影师在拍摄某些题材时，需要在弱光下进行长时间曝光。这个技巧多用于拍摄梦幻如纱的流水、灯光璀璨的城市夜景或斗转星移的晴朗夜空，通常使用 B 模式进行拍摄，曝光时间从数秒到数小时不等。由于数码相机感光元件的工作原理，在进行 1s 以上的长时间曝光时，会不可避免地产生噪点。这种噪点通常显现为颗粒状的亮度噪点，即使使用 ISO100 的低感光度也难以避免。这时我们就需要考虑是否开启“长时间曝光降噪功能”来抑制噪点了。开启该功能，可以提升照片品质，但相应地会花费大量的时间来降噪，在此期间我们无法使用相机，并且相机会持续耗电，有些得不偿失。因此我们的建议是如果曝光时间超过 30s，就关闭“长时间曝光降噪功能”，而选择拍摄 RAW 格式照片，然后在后期软件中进行降噪。

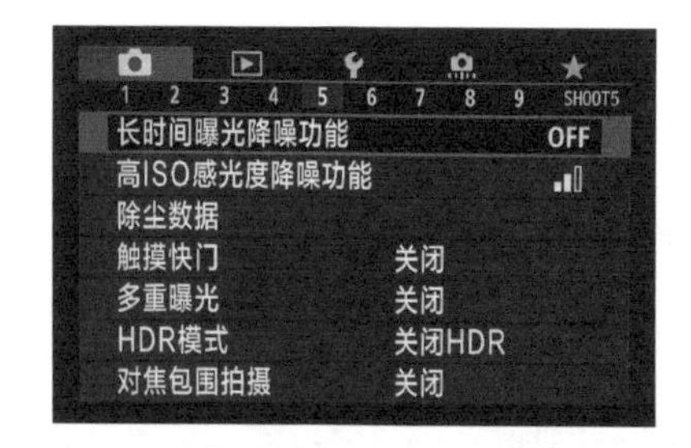

长时间曝光降噪功能的设定菜单。大部分情况下，建议关掉该功能。

光圈 f/4，快门 30s，焦距 16mm，感光度 ISO4000

拍摄一些星空夜景时，建议关闭长时间曝光降噪功能，否则会误消除天空中的星星。

光圈 f/2.8，快门 1/4s，焦距 9mm，感光度 ISO200，曝光补偿 +2.7EV

第 6 章
白平衡、色温、色彩及色彩空间

在相机内对白平衡、色温进行设定，可以改变所拍摄照片的颜色，这是最简单、最重要的控制色彩的技巧。但除此之外，其实还有另外 3 个非常重要的因素，也会对照片的色彩产生较大影响。本章将介绍影响照片色彩的两个主要因素：白平衡与色温，色彩空间。

6.1 白平衡、色温与色彩

真正理解白平衡

先来看一个实例：将同样的红色块分别放入蓝色、黄色和白色的背景当中，然后看红色块给人的印象，我们会感觉到不同背景中的红色是有差别的，其实却是完全相同的色彩。为什么会这样呢？这是因为我们在看红色块时，分别以不同的背景色作为参照，所以感觉会发生偏差。

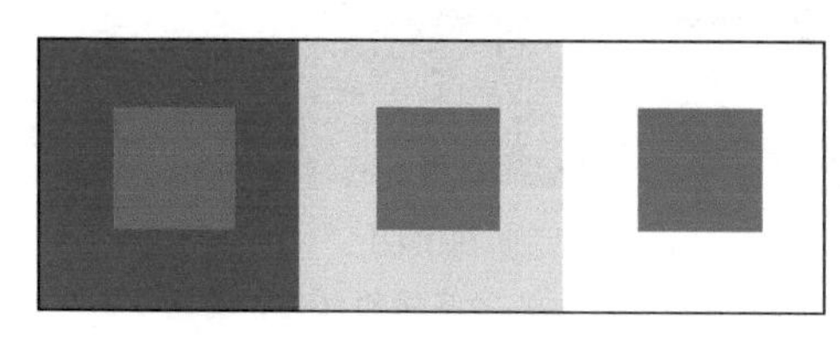

同样的红色块在不同色彩背景中

通常情况下，人们需要以白色为参照才能准确辨别色彩。红、绿、蓝 3 色混合会产生白色，这些色彩以白色为参照人们才能分辨出其准确的颜色。所谓白平衡就是指以白色为参照来准确分辨或还原各种色彩的过程。如果在白平衡调整过程中没有找准白色，那么还原的其他色彩也会出现偏差。

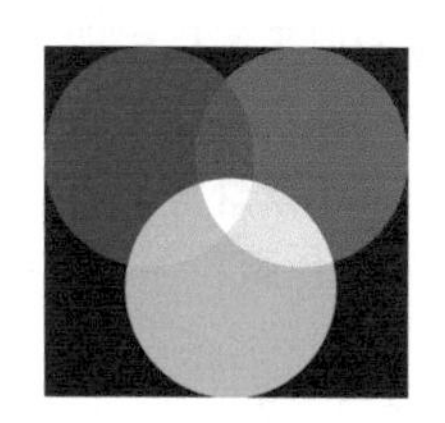

红、绿、蓝三原色

要注意，在不同的环境中，作为色彩还原标准的白色是不同的。例如在夜晚室内的荧光灯下，真实的白色要偏蓝一些；而在日落时分的室外，白色是偏红黄一些的。如果在日落时分以标准白色或冷蓝的白色作为参照来还原色彩，那是要出问题的，应该使用偏红、黄一些的白色作为参照。

相机与人眼视物一样，在不同的光线环境中拍摄，也需要有白色作为参照，才能在拍摄的照片中准确还原色彩。

光圈 f/11，快门 3s，焦距 15mm，感光度 ISO200
我们看到的照片，能够准确还原出各种不同的红色、黄色等色彩，就是因为相机找准了当前场景中的白色参照。

为了方便用户使用，相机厂商分别将标准的白色放在不同的光线环境中，并记录下白色在这些不同环境中的状态，内置到相机中，作为不同的白平衡标准（模式）。这样用户在不同环境中拍摄时，只要调用对应的白平衡模式即可拍摄出色彩准确的照片。数码相机当中，常见的白平衡模式有日光、荧光、钨丝灯等，用于在这些不同的场景中为相机校正色彩。

白平衡模式界面

色温与白平衡的相互关系

在相机的白平衡菜单中，我们会看到每一种白平衡模式后面对应着一个色温（Color Temperature）值。色温是物理学上的名词，它用温标来描述光的颜色特征，也可以说其是色彩对应的温度。

把一块黑铁加热，令其温度逐渐升高，起初它会变红、变橙，也就是我们常说的铁被烧红了，此时铁发出的光，其色温较低；随着温度逐渐提高，它发出的光线逐渐变成黄色、白色，此时的色温位于中间部分；继续加热，温度大幅度提高后铁发出了紫蓝色的光，此时的色温更高。

色彩随着色温变化的示意图：自左向右，色温逐渐变高，色彩由红色转向白色，然后转向蓝色。

色温是专门用来量度和计算光线的颜色成分的方法，19 世纪末由英国物理学家开尔文创立。因此色温的单位也由他的名字来命名——“开尔文”（简称“开”，符号为“K”）。

低色温光源的特征是在能量分布中，红辐射相对多一些，通常称为“暖光”；色温提高后，在能量分布中，蓝辐射的比例增加，通常称为“冷光”。

这样，我们就可以考虑将不同环境的照明光线用色温来衡量了。举例来说，早晚两个时间段，太阳光线呈现出红、黄等暖色调，色温相对来说是偏低的；而到了中午，太阳光线变白，甚至有微微泛蓝的现象，这表示色温升高。相机作为机器，是善于用具体的数值来进行精准计算和衡量的，于是就有了类似于日光用色温值 5500K 来衡量这种设定。

下表向我们展示了白平衡模式设置、测定时大概的色温值、适用条件之间的对应关系。表中所示为比较典型的光线与色温值对应关系，只是一个大致的标准，我们不能生搬硬套。例如，在早晨或傍晚拍摄时，即便是在日光照射下，套用日光白平衡模式，色彩依然不会太准确。因为日光白平衡模式标识的是正午日光环境的白平衡标准，色温值为 5500K 左右；而在早晚两个时间段中，色温值是要低于 5500K 的。至于设定了并不是十分准确的白平衡模式会导致什么样的后果，后文中我们会详细介绍。

比较典型的光线与色温值对应关系

白平衡模式设置	测定时大概的色温值 /K	适用条件
日光白平衡模式	5500	适用于晴天除早晨和日暮时分室外的光线环境
阴影白平衡模式	7000	适用于黎明、黄昏等环境，或晴天室外阴影处
阴天白平衡模式	6000	适用于阴天或多云的户外环境
钨丝灯白平衡模式	3200	适用于室内钨丝灯光线环境
荧光灯白平衡模式	4000	适用于室内荧光灯光线环境
闪光灯白平衡模式	5500	适用于相机闪光灯光线环境

白平衡的应用技巧

现实世界中，相机厂商只能在白平衡模式中集成几种比较典型的光线情况，如日光、荧光灯、钨丝灯这些环境下的白色标准，肯定是无法记录所有场景的。在没有对应白平衡模式的场景中，难道就无法拍摄到色彩准确的照片了吗？相机厂商采用了另外 3 种方式来解决这个问题。

相机自动设定白平衡

尽管相机提供了多种白平衡设定供用户选择，但是确定当前使用的选项并进行快速的操作对于初学者依然显得复杂和难以掌握。出于方便拍摄的考虑，厂商开发了自动白平衡功能，相机会在拍摄时经过测量、比对、计算，自动设定现场光线的色温。通常情况下，自动白平衡功能可以比较准确地还原景物色彩，满足拍摄者对照片色彩的要求。自动白平衡功能适应的色温范围为 3500K ~ 8000K。

自动白平衡的“白色优先”

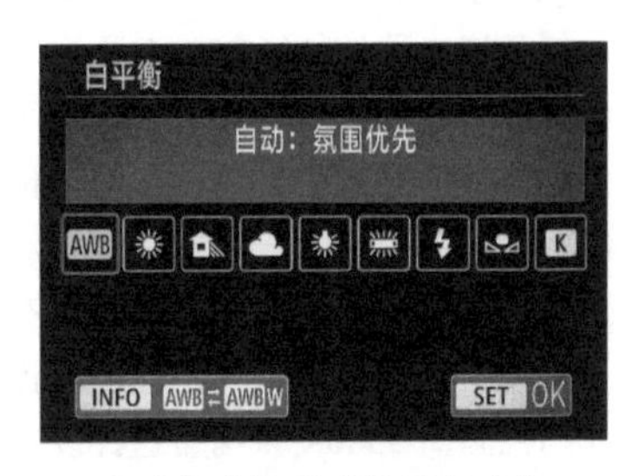

自动白平衡的“氛围优先”

光圈 f/11，快门 1/120s，焦距 49mm，感光度 ISO100
对于大多数场景，自动白平衡功能可以使照片得到比较准确的色彩还原。使用“自动：白色优先”时，相机会自动矫正可能出现的色偏。这是我们较常使用的白平衡设置。

拍摄者手动调整色温值

K值调整模式：可以在2500K～10000K范围内进行色温值的调整。数字越高得到的画面色调越暖，反之画面色调越冷。K值的调整是对应光线的色温值来调整的：光线色温值为多少就调整K值为多少，才能得到色彩正常还原的照片（因为所有的色温值都能从K值中调整出，所以许多专业的摄影师会选择此模式来调整色温值）。

光圈f/13，快门7s，焦距16mm，感光度ISO200

拍摄本照片时，如果我们根据常识直接设定钨丝灯或荧光灯白平衡模式进行拍摄，那么就错了，因为场景中主要的光线为阴影部分的天空和江面的一些反射光线。所以对本照片来说，设定阴影白平衡模式更合适一些，这里设定色温值为6500K进行拍摄，将场景色彩准确还原出来。

拍摄者自定义白平衡

虽然通过数码后期可以对照片的白平衡进行调整，但是在没有参照的情况下，很难将色彩还原为本来的颜色。在拍摄商品、书画、文物这类需要严格还原与记录的对象时，为保证准确的色彩还原，不掺杂过多人为因素与审美倾向，可以采用自定义白平衡，以适应复杂光源，满足严格还原对象本身色彩的要求。

光圈 f/1.2，
快门 1/800s，
焦距 50mm，
感光度 ISO160
在光源特性不明确的陌生环境中，如果希望准确记录被摄对象的色彩，可以使用标准的白卡（或灰卡）对白平衡进行自定义，以确保拍摄的照片色彩准确。

自定义白平衡的设定方法如下。

（1）寻找一张白纸或测光用的灰卡，然后设定手动对焦方式（之所以使用手动对焦方式，是因为自动对焦方式无法对白纸对焦），相机设定 Av、Tv、M 等模式。

（2）对准白纸拍摄，并且使白纸全视角显示，也就是说白纸要充满整个屏幕。拍摄完毕后，按回放按钮查看拍摄的白纸画面。

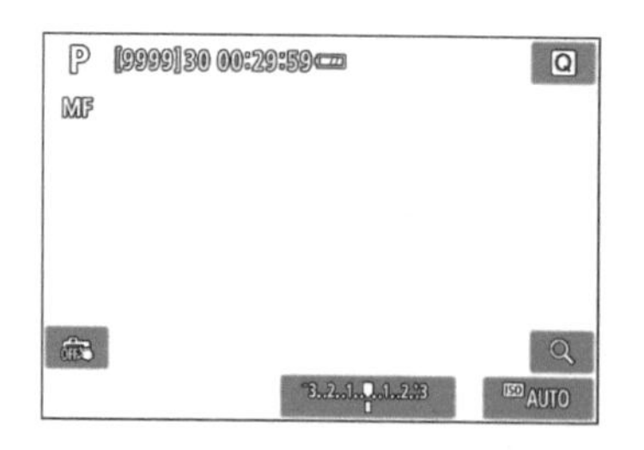

（3）按 MENU 按钮进入相机设定菜单，选择“自定义白平衡”菜单选项，此时画面上会出现是否以此画面为白平衡标准的提示。按 SET 按钮，然后选择确定选项，即设定了所拍摄的白纸画面为当前的白平衡标准。

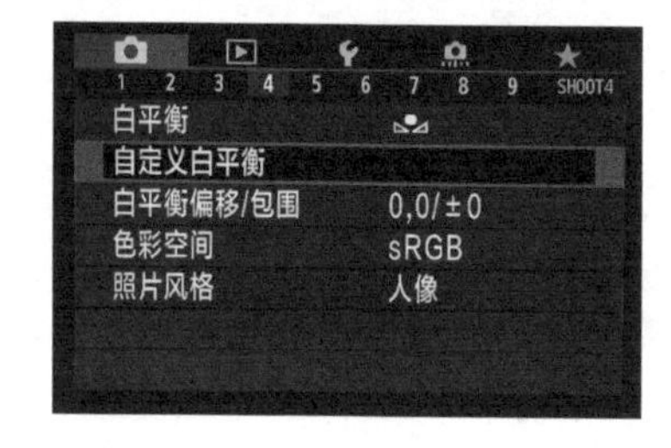

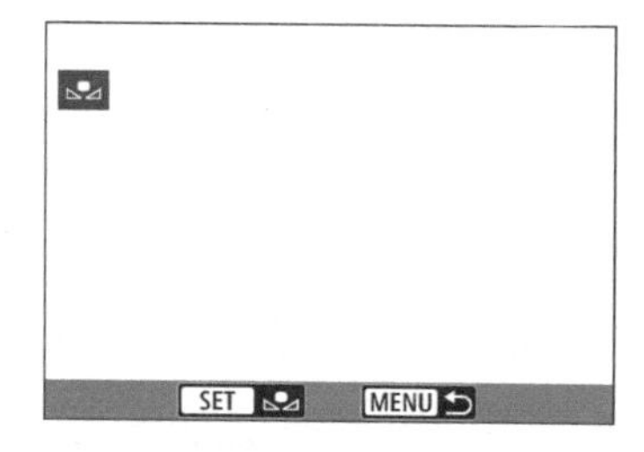

（4）在白平衡模式界面中选择“用户自定义”就可以了。

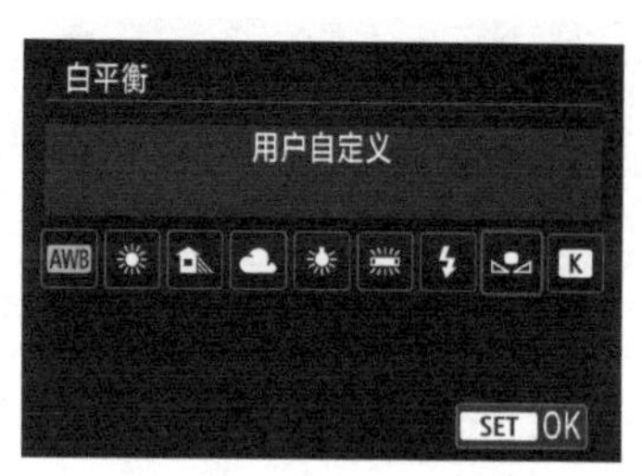

色温与色彩的相互关系

如果在钨丝灯下拍摄照片，设定钨丝灯白平衡模式（或设定 3200K 左右的色温值）可以拍摄出色彩准确的照片；在正午室外的太阳照明环境中，设定日光白平衡模式（或设定 5500K 左右的色温值），也可以准确还原照片色彩……这是我们在前文中介绍过的知识，即我们只要根据所处的环境光线来选择对应的白平衡模式就可以了。但如果我们设定了错误的白平衡模式，会产生什么样的结果呢？

我们通过具体的实拍效果来进行查看。下面这个真实的场景是晴天的中午 11:40 左右，即准确色温值为 5500K 左右。我们尝试使用相机内不同的白平衡模式进行拍摄，来看色彩的变化情况。

钨丝灯白平衡模式拍摄：色温值 3200K

荧光灯白平衡模式拍摄：色温值 4000K

日光白平衡模式拍摄：色温值 5500K

闪光灯白平衡模式拍摄：色温值 5500K

阴天白平衡模式拍摄：色温值 6000K

阴影白平衡模式拍摄：色温值 7000K

从上述色彩随色温值设置的变化中，我们得出了这样一个规律：相机设定与实际色温值相符合时，能够准确还原色彩；相机设定的色温值明显高于实际色温值时，拍摄的照片偏红；相机设定的色温值明显低于实际色温值时，拍摄的照片偏蓝。

创意白平衡的两种主要倾向

纪实摄影要求我们客观、真实地记录世界，以再现事物的本来面貌，比如我们按照实际光线条件选择对应的白平衡模式，可以追求景物色彩的真实。而摄影创作则是在客观世界的基础上，运用想象的翅膀，创造出超越现实的美丽画面。这样的摄影创作或许超越了常人对景物的认知，但它能够给观赏者带来美的享受和愉悦。通过手动设定白平衡的手段，我们可以追求气氛更强烈甚至异样的画面色彩，强化摄影创作中的创意表达。

人为设定“错误”的白平衡模式，往往会使照片产生整体色彩的偏移，也就能制造出不同于现场的别样感受。如偏黄可以营造温暖的氛围、怀旧的感觉；偏蓝则显得画面冷峻、清凉，甚至阴郁。

光圈 f/11，快门 2s，焦距 164mm，感光度 ISO100

夜晚的城市中光线非常复杂，如此复杂的光线下应该尽量让照片色彩往某一个方向偏移。面对这种情况时，建议设定较低的色温值，让照片偏向蓝色，画面会非常漂亮。

光圈 f/18，快门 1/80s，焦距 18mm，感光度 ISO200

日落时分，阳光穿过云层的光影效果非常出色，但使用自动白平衡模式只能得到灰蒙蒙的光影效果，落日的金黄色彩黯淡了很多。有意使用阴影白平衡模式可以令金黄色彩得到夸张，使色彩感强烈很多。

6.2 当前主流的 3 种色彩空间

sRGB 与 Adobe RGB 色彩空间

色彩空间也会对照片的色彩产生一定影响，但在人眼可见的范围内，我们几乎分不出差别。人眼对于色彩的反应与计算机以及相机对于色彩的反应是不同的。通常来说，计算机与相机对于色彩的反应要弱于人眼。因为其要对色彩进行抽样和离散处理，所以在处理过程中就会损失一定的色彩，并且色彩扩展的程度也不够，有些色彩无法在机器上呈现出来。计算机与相机处理色彩的模式主要有两种，称为色彩空间，分别为 sRGB 色彩空间与 Adobe RGB 色彩空间。

sRGB 是由微软公司联合惠普、三菱、爱普生等公司共同制定的色彩空间，主要为了使计算机在处理数码图片时有统一的标准。当前绝大多数的数码图像采集设备厂商已经全线支持 sRGB 色彩空间，在数码相机、摄像机、扫描仪等设备中都可以设定 sRGB 选项。但是 sRGB 色彩空间也有明显的弱点，主要是包容度和扩展性不足，许多色彩无法在 sRGB 色彩空间中显示，这样在拍摄照片时就会造成无法还原真实色彩的情况。也就是说，这种色彩空间的兼容性更好，但色彩表现力可能会差一些。

Adobe RGB 是由 Adobe 公司在 1998 年推出的色彩空间。与 sRGB 色彩空间相比，Adobe RGB 色彩空间具有更为宽广的色域和良好的色彩层次表现。在摄影作品的色彩还原方面，Adobe RGB 色彩空间更为出色；另外在印刷输出方面，Adobe RGB 色彩空间更是远优于 sRGB 色彩空间。

如果为了所拍摄照片的兼容性考虑（要在手机、计算机、高清电视等电子器材上显示统一色调风格），并将会大量使用直接输出的 JPEG 照片，建议设定色彩空间为 sRGB。如果拍摄的照片有印刷的需求，可以设定色彩空间为色域更为宽广一些的 Adobe RGB。

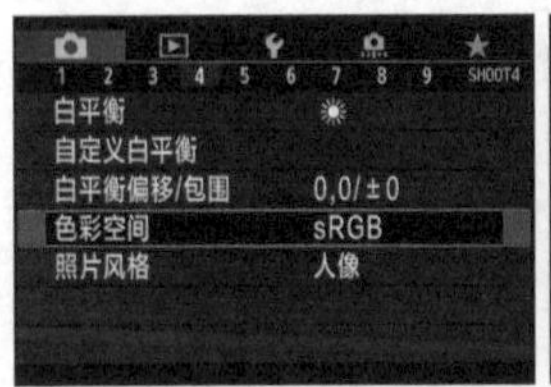

从应用的角度来说，摄影师可以在相机内设定色彩空间为 sRGB 或 Adobe RGB。

如果摄影师具备较强的数码后期能力，将会对拍摄的 RAW 格式文件进行后期处理后输出，那在拍摄时就不必考虑色彩空间的问题了。因为 RAW 格式文件会包含更为完美的色域，远比相机内设定的两种色彩空间的色域要宽。照片处理过之后再设定具体的色彩空间输出就可以了。

你所不知道的 ProPhoto RGB 色彩空间

之前很长一段时间内，如果我们对照片有冲洗和印刷等需求时，建议将后期软件的色彩空间设定为 Adobe RGB 再对照片进行处理，因其色域比较宽；如果仅在个人计算机及网络上使用照片，那设定为 sRGB 就足够了。随着技术的发展，当前较新型的数码相机及计算机等设备都支持一种前文中我们没有介绍过的色彩空间——ProPhoto RGB。ProPhoto RGB 是一种色域非常宽的色彩空间，其色域比 Adobe RGB 色彩空间的宽得多。

数码相机拍摄的 RAW 格式文件并不是一种照片格式，而是一种原始数据，包含非常庞大的颜色信息。如果将后期软件工作时的色彩空间设定为 Adobe RGB，是无法容纳 RAW 格式文件庞大的颜色信息的，会损失一定量的颜色信息。而使用 ProPhoto RGB 色彩空间则不会，为什么呢？下图向我们展示了多种色彩空间的模型：我们可将背景的马蹄形色彩空间视为理想色彩空间，该色彩空间之外的白色为不可见区域；Adobe RGB 色彩空间虽然大于 sRGB 色彩空间，但依然远小于马蹄形色彩空间；与理想色彩空间最为接近的便是 ProPhoto RGB 色彩空间，足够容纳 RAW 格式文件所包含的颜色信息。将后期软件设定为 ProPhoto RGB 色彩空间，再导入 RAW 格式文件，就不会损失颜色信息。

用一句通俗的话来说，Adobe RGB 色彩空间还是太小，不足以容纳 RAW 格式文件所包含的颜色信息，ProPhoto RGB 色彩空间才可以。

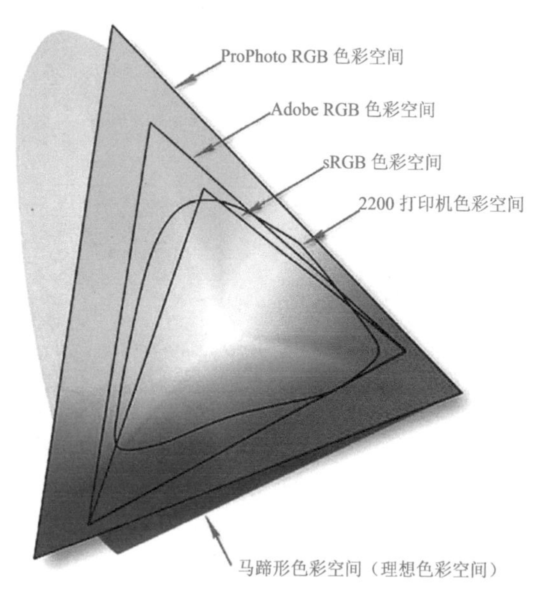

多种色彩空间的模型

ProPhoto RGB 色彩空间主要在数码后期软件 Photoshop 中使用，设定这种色彩空间，可以确保我们给 Photoshop 搭建一个近乎理想色彩空间的处理平台。这样后续在 Photoshop 打开其他色彩空间时，就不会出现颜色信息损失的情况了。（如果 Photoshop 中设定了 sRGB 色彩空间，打开 Adobe RGB 色彩空间的照片进行处理时，就会因为无法容纳 Adobe RGB 色彩空间的所有色彩，而溢出或损失一些颜色信息。）

RAW 格式文件之所以能够包含极为庞大的原始数据，与其采用了更大位深度的数据存储方式是密切相关的。8 位的数据存储方式，每个颜色通道只有 2^8=256 种色阶，而采用 16 位数据存储方式的 RAW 格式文件的每个颜色通道有 65536 种色阶，因此才能容纳更为庞大的颜色信息。所以说，我们将 Photoshop 的色彩空间设定为 ProPhoto RGB 后，只有同时将位深度设定为 16 位，才能让两种设定互相搭配、相得益彰，设定为 8 位是没有意义的。

唯一需要注意的是，在处理完照片输出之前，应该将照片再次转为 sRGB 或 Adobe RGB 色彩空间，以适应计算机显示或印刷的需求。

ProPhoto RGB 色彩空间

Adobe RGB 色彩空间

sRGB 色彩空间

光圈 f/2.8，快门 7.5s，焦距 10mm，感光度 ISO200

第 7 章
佳能 EOS 微单镜头系统

专业相机之所以能获得专业摄影师以及摄影爱好者的喜爱，与其高性能的镜头系统支持是分不开的。镜头的作用是成像，将所成像投射到胶片或感光元件上，这样才有了我们拍摄的照片。

镜头的质量是相机成像的保证，它关系到摄影作品的清晰度、色彩甚至构图。了解镜头，就等于了解自己的“第三只眼睛”。镜头的外部结构为基本操作部分，内部基本构成部分是镜片、光圈等，有的还有超声波对焦系统、防抖动（减震）系统等。

7.1 焦距与镜头

自然界中的光线在传输时，如果遇到一面凸透镜，会在镜后汇聚到某一个点，如果光线是平行传输来的，则汇聚的点称为焦点。从凸透镜中心点到焦点之间的距离，称为焦距。摄影学中的焦距是镜头的重要性能指标，焦距关系着拍摄的成像质量、视角、景深和画面的透视。

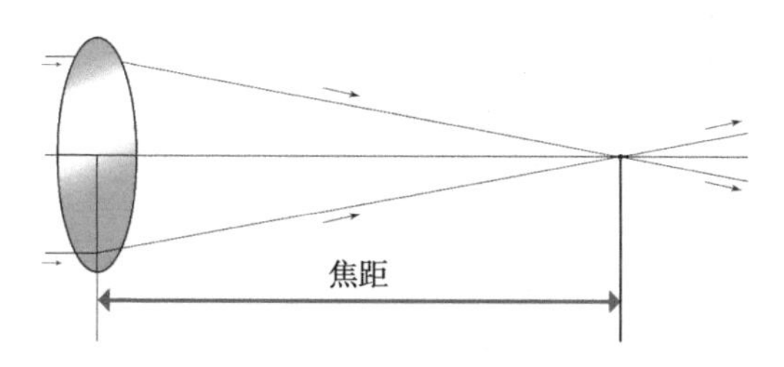

凸透镜、焦点与焦距的关系

相机对焦的原理类似于凸透镜成像，可以将镜头内的多组镜片等效为一片凸透镜。被摄主体发出的光线（注意，这里并不是平行光线）经过凸透镜会在其另一侧汇聚，汇聚的点即被摄主体的成像位置（但要注意，这个汇聚的点并不是焦点位置，平行光线经过凸透镜后汇聚的点才是焦点）。这一位置是相机感光元件所在的位置，如果被摄主体成像的位置偏离了感光元件，则拍摄的照片就是虚的。调整镜头使被摄主体形成清晰的像的过程，就是对焦过程。

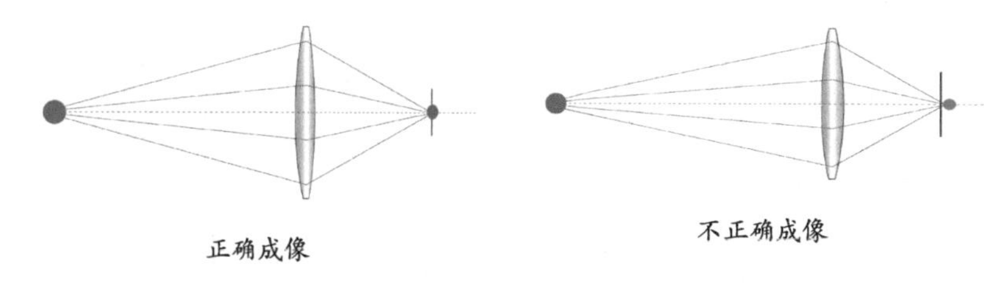

正确成像　　不正确成像

根据光学原理，光线通过凸透镜后的成像位置位于凸透镜 1 倍焦距之外、2 倍焦距之内，并且成像位置即感光元件所在的位置，这时成像非常清晰。如果成像位置偏离了感光元件所在的位置，这时成像变得非常虚，比较模糊，即对焦不准。

7.2 镜头分类方式详解

镜头有两种分类方式，第一种是根据是否可以改变焦距，分为定焦镜头与变焦镜头；第二种是根据焦距长短，分为广角、标准及长焦镜头。

镜头分类方式：定焦镜头与变焦镜头

定焦镜头是指焦距不可以变化的镜头，即镜头不可伸缩。使用时，当我们确定了拍摄距离，则拍摄的视角就固定了。如果要改变视角画面，就需要拍摄者移动位置，这也是定焦镜头明显的劣势。但是，定焦镜头有很多优点。

（1）定焦镜头的光学品质更出众。

（2）定焦镜头一般拥有更大的光圈。

（3）定焦镜头一般重量轻，更便于携带。

与定焦镜头相对的是变焦镜头。变焦镜头可以通过调节焦距来调整画面视角，不用拍摄者移动位置，取景范围可以从广角到长焦进行调整，可以让我们的摄影作品具有多样性。使用的时候可以不用经常换镜头，便可将拍摄画面拉远或拉近，非常方便。现在的变焦镜头的光学品质越来越高，而且变

光圈 f/1.4，快门 1/640s，焦距 85mm，感光度 ISO100
焦距为 85mm 的定焦镜头拍摄的画面，画质细腻、出众。

变焦镜头成像（内外两个区域分别为不同焦距成像视角）。

焦镜头涵盖从超广角镜头到超望远镜头的各种焦段选择。虽然变焦镜头的成像质量与定焦镜头相比，会有一点欠缺，但是随着现在专业级变焦镜头的发展，其在光学品质方面几乎能够和定焦镜头相媲美。

光圈 f/16，
快门 4.3s，
焦距 36mm，
感光度 ISO200
当前高性能变焦镜头的画质已经非常理想，并且在狭小的拍摄空间内可以有更多的拍摄视角。

焦距、等效焦距与视角

"视角"指的是镜头取景涵盖的范围，用代表角度的扇形表示，视角一般指的是水平方向角度，相机镜头的焦距和视角关系密切。微单拥有高性能并且较多的镜头，目的就是为了尽量涵盖大范围的视角，拍摄者在拍摄时可以有选择地使用。右图是全画幅机身在不同焦距下的视角范围。

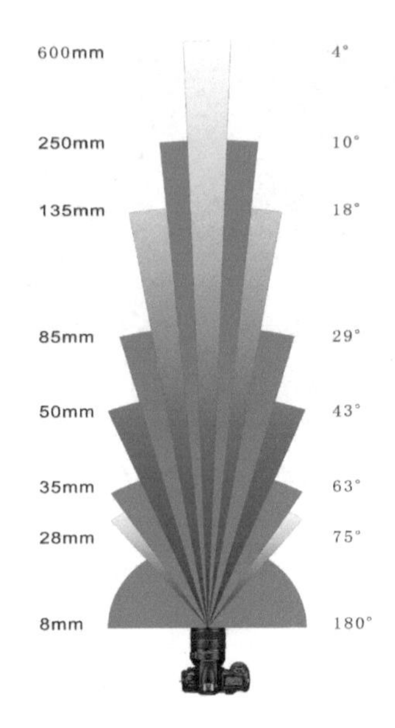

全画幅机身在不同焦距下的视角范围

图中的视角是以全画幅机身搭载相应焦距为标准来界定的，如果是 APS-C 画幅，同样焦距下的视角要小一些。例如，全画幅机身的感光元件视角约是 APS-C 画幅视角的 1.5 倍，全画幅机身搭载 50mm 焦距的视角为 43°，APS-C 画幅机身就需要搭载 35mm 焦距才能实现 43° 的视角。也就是说，APS-C 画幅机身的 35mm 焦距，在全画幅机身的等效焦距是 50mm。

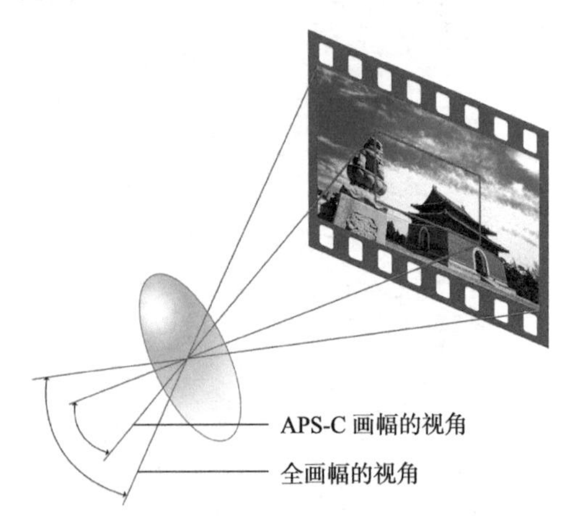

APS-C 画幅与全画幅的视角示意图

镜头分类方式：广角、标准及长焦镜头

1. 广角镜头的特点及使用

广角镜头是指镜头焦距在 35mm 及以下的镜头（以全画幅机身为基准），

光圈 f/8，快门 1/20s，焦距 14mm，感光度 ISO100
用超广角镜头拍摄的画面。

这种镜头的取景视角都很大，所以能够比一般镜头涵盖更多的拍摄范围，进而呈现出不同一般镜头的宽阔效果。但也因为广角镜头具有这样的特点，在使用上必须注意构图、取景，以免拍入太多的杂物。焦距在 24mm 以下的镜头，可以称为超广角镜头，常见的有佳能的 11-24mm、尼康的 14-24mm 镜头等。

广角及超广角镜头的焦距很短，视角较宽，透视（近大远小，近处清晰、远处模糊）性能好，比较适合拍摄较大场景的照片，如建筑、风景等题材。用此类镜头拍摄时，景物会被“缩小”，焦距越短，视角越大。

2.标准镜头的特点及使用

标准镜头指接近人眼视角的镜头，视角大小为 42° ~ 63°，焦距在 35mm ~ 58mm（接近相机画幅对角线长度）的镜头。在画幅为 24mm×36mm 的全画幅相机上，感光元件的对角线长度约为 43mm，那么焦距接近 43mm 的镜头都可称为标准镜头，后约定俗成焦距 50mm 左右的镜头为标准镜头。

标准变焦镜头则指的是涵盖标准镜头视角、部分广角镜头视角和中焦镜头视角的较为常用的多焦段镜头。常见的标准变焦焦段有 24mm ~ 70mm、24mm ~ 105mm、24mm ~ 85mm 等，同样在感光元件尺寸不同的相机上，划分也是有所差别的。标准镜头的视角最接近人眼，因而拍摄到的影像给人的感觉亲切又平实。

光圈 f/2.2，快门 1/300s，焦距 56mm，感光度 ISO160
用标准镜头拍摄的画面。

标准镜头视角犹如人眼的视角，光学特性也与人眼相似，不会像广角镜头有变形的问题，或有长焦镜头改变景物远近的效果。这样的特性，正好用来训练初学者的观察能力。

3.长焦镜头及远摄镜头的特点及使用

当镜头的拍摄视角小于标准镜头的视角，也可以大致认为镜头焦距超过85mm时，通常称为长焦镜头。一般情况下，长焦镜头可以把远处的景物拉近，视觉效果就像发生在我们眼前。所以在离被摄主体较远的场景下，例如体育摄影、野生动物摄影等，长焦镜头经常用来表现被摄主体的特写画面、远处景物的细节等。

使用长焦镜头更容易获得极浅的景深效果，利于突出被摄主体。这种镜头具有明显的压缩空间纵深距离和夸大后景的特点。

视角小于 18° 的镜头就可以称为远摄镜头，因为视角小，取景范围小，常用于远距离主体的拍摄。常见的焦距有 200mm、300mm、500mm、600mm、1200mm。常见的变焦镜头多涵盖中长焦变焦镜头，如 70-200mm、100-300mm，还有部分超长焦变焦镜头，如 170-500mm 等。

光圈 f/10，快门 1/2000s，焦距 148mm，感光度 ISO400
利用长焦镜头拍摄的海鸟。

光圈 f/18，快门 1/320s，焦距 100mm，感光度 ISO200
长焦距压缩了远近的距离。

7.3 镜头的重要技术指标

我们在看镜头的参数时，会看到镜头结构为多少组、多少片的标识。例如，某款镜头的镜片为 13 组、18 片，这也就是说，这款镜头共有 18 片镜片，这 18 片镜片又分为 13 个镜头组，有的为 1 片成组，有的为 2 片成组，以实现不同的功能。目前任何一款相机的镜头都不可能是由一片镜片组成的，标准镜头和功能型附加镜头都是如此。一只镜头往往是由多片镜片构成的，根据需要这些镜片又会组成小组，从而把要拍摄的对象尽可能清晰、准确地还原。由于不同厂商、不同产品采用的技术是不同的，因此绝不能简单地认为镜片的数目决定着镜头的成像质量，两者其实没有必然联系。

除镜片的数目之外，镜头的材质也是镜头的一个重要技术指标。目前镜头的材质一般可以分为两类，分别为玻璃和塑料。这两种材质和镜头生产商所采用的技术和特点有关，并无优劣之分。当然两种材质的镜头都有各自的特点，比如玻璃镜头更为沉重，塑料镜头相对要轻巧、轻便一些。在市场上富士的镜头多采用塑料材质，而蔡司、尼康等品牌的镜头则以玻璃材质为主。

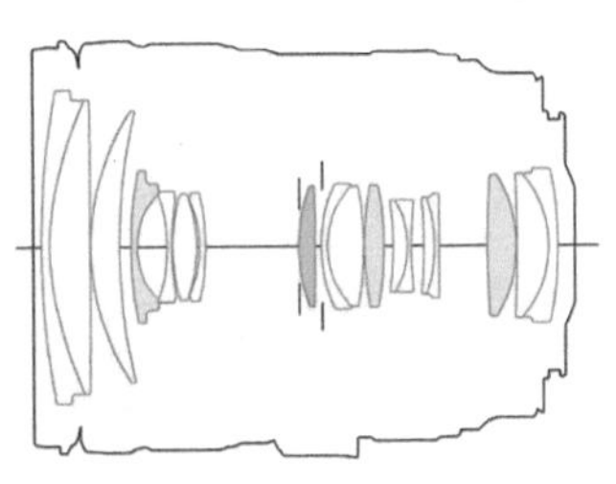

镜头结构示意图（13 组、18 片）

镜头口径：适配不同滤镜

镜头口径指的是镜头最前端镜筒的直径。镜头的规格不同，它的直径大小有差别，镜头口径也就有差别，常见的镜头口径规格有 ϕ49mm、ϕ52mm、ϕ56mm、ϕ58mm、ϕ72mm、ϕ77mm 等。需要注意的是在购买多只镜头时应考虑口径的统一性，多只镜头口径统一，在购买和使用滤镜等附件时会方便很多。设计师在设计镜头时往往尽量统一相同档次的镜头口径，目的是滤镜等附件能够通用。

最近对焦距离：微距摄影的重要参数

镜头对焦距离指示标记部分最小的数字就是镜头的最近对焦距离，分别用米（m）和英尺（ft）两种单位表示。这一距离从相机的焦平面（也就是感光元件的位置）算起。最近对焦距离是镜头性能的重要参数，对微距摄影来说尤其如此。对大部分镜头来说，最近对焦距离越近，镜头的拍摄能力就越强。拍摄时如果对焦距离小于最近对焦距离，相机就无法聚焦。

卡口与法兰距

相机可以更换镜头，那就会产生一个新的问题，镜头要对上相机的接口，也就是卡口。镜头卡口有尺寸大小，也会有一些特定的用于信号传输的电子触点。但不同厂商的设计是有差别的，例如佳能的卡口往往有 EF、RF、EF-S 和 EF-M 等。除卡口尺寸大小要合适之外，还有另一个关键点，即法兰距。对机身而言，法兰距是指卡口到焦平面（即 CCD 或 CMOS 所在的平面）之间的距离。只有卡口与法兰距均符合条件，镜头才能与机身接在一起，实现拍摄功能。

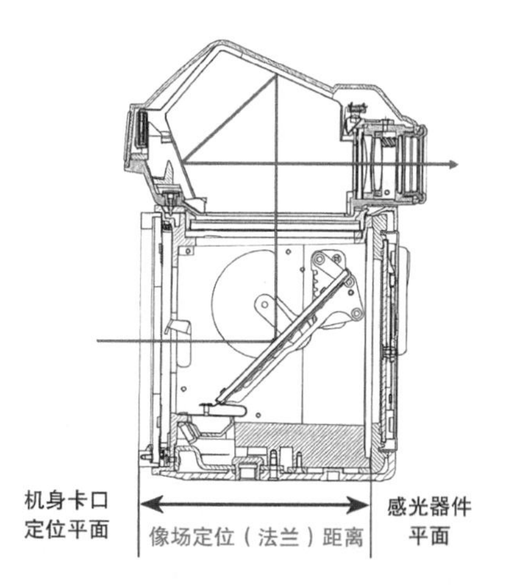

法兰距示意图

由此我们可以知道，如果将一个品牌的镜头接在另一个品牌的机身上，是无法拍照的。除非镜头品牌专为机身品牌量身定做镜头，或是使用特定的转接环进行转接。

镜头性能曲线：快速了解镜头画质

调制传递函数（Modulation Transfer Function，MTF）是目前最精确的镜头性能测试方法之一。虽然这种方法无法测试镜头的边角失光和防眩光特性，但可以对镜头的解像力和对比度等进行测试并让人对之有直观的概念。因此 MTF 图可以作为选择镜头的一个重要参考指标。

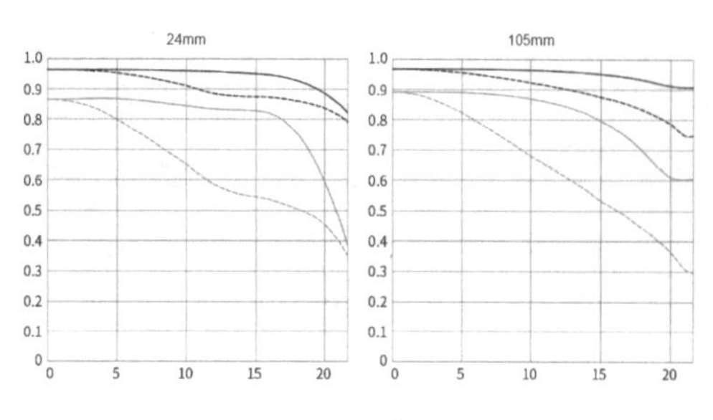

MTF 图

空间频率	最大光圈	
	S	M
10 线 / 毫米	——	-----
30 线 / 毫米	——	-----

镜头 MTF 图（实线用字母 S 表示，虚线用字母 M 表示。虚、实两条曲线越接近，镜头就越能在如实表现被摄体的同时拍出不错的虚化效果）

为了显示镜头在最大光圈和最佳光圈的效果，通常一个 MTF 图会包含两组数据，也就是在镜头最大光圈和光圈 f/8 时的 8 条线。MTF 图的横轴从左到右，代表从中心向边角的距离，单位是 mm，最左边是镜头中心，最右边是镜头边缘；MTF 图的纵轴表示镜头素质。黑色 4 条线代表镜头在最大光圈时的 MTF 值，蓝色 4 条线代表光圈在 f/8 时的 MTF 值。粗线对应镜头的对比度数值，细线则对应解像力数值。实线和虚线的区别为：实线表示的是镜头纬向同心圆的相关数值，虚线表示的是镜头径向放射线的相关数值。对镜头来说，MTF 曲线“越平越好，越高越好”，越平说明镜头边缘和中心成像越一致，越高说明解像力和对比度越好。

光圈 f/6.3，快门 1/320s，焦距 100mm，感光度 ISO800
相机使用近摄环转接 EF 镜头拍摄的微距画面。

7.4 风光摄影的佳能 EOS 微单配镜方案

风光摄影会面对各种远近不同的景致，那么镜头焦段往往要涵盖从超广角到远摄的较大范围。具体来说，14mm ~ 400mm 都会经常用到。但厂商很少提供如此大变焦比的单一镜头，因为那样成像画质会严重下降。要实现 14mm ~ 400mm 的大范围焦段覆盖，可能就要准备多只不同焦段的镜头，以满足不同的拍摄需求。

为了避免焦段重合、节省成本，合理的配镜方案就非常重要了。对风光摄影来说，有以下 3 种主流的配镜方案。

配镜方案1："大三元"+特殊用途镜头

大三元镜头涵盖了 15mm ~ 200mm 的大焦段范围，并且成像质量非常高，能够满足绝大多数拍摄者的拍摄需求。所谓特殊用途镜头是指一些用于拍摄人像的定焦镜头，还包括用于拍摄特定题材的微距、鱼眼镜头等。

光圈 f/1.4，快门 8s，焦距 24mm，感光度 ISO4000

星空等弱光题材，最好使用光圈不小于 f/2.8 的镜头，这张照片便是使用 16-35mm 镜头以光圈 f/2.8 拍摄的。

• RF 15-35mm F2.8 L IS USM 镜头。

• RF 24-70mm F2.8 L IS USM 镜头。

• RF 70-200mm F2.8 L IS USM 镜头。

配镜方案 1 明显的缺陷有以下 3 个。

①大三元镜头的售价非常高，3 只镜头加起来的总价一般超过 3 万元，如果是无反镜头，价格则一般会超过 4 万元。

②高性能变焦镜头往往重量较大。

③缺少 200～400mm 焦段，在一些特殊拍摄场景中，我们可能还是需要这个焦段的。

配镜方案2："小三元"

风光摄影的大部分情况下其实并不需要使用太大光圈，所以厂商提供的小三元镜头就是性价比非常高的选择了。其能够在花费较小的情况下依然覆盖足够大的焦段范围，并且画质比较理想。

• RF 14-35mm F4 L IS USM 镜头。

• RF 24-105mm F4 L IS USM 镜头。

• RF 70-200mm F4 L IS USM 镜头。

这种配镜方案的缺点如下。

①功能相对单一，无法兼顾偶尔的人像拍摄。

②无法拍摄一些特殊的题材，如星空等。

③无法兼顾 200～400mm 焦段。

配镜方案3：24-105mm+100-400mm镜头

从某种意义上说，配镜方案 3 是理想的风光摄影配镜选择。其涵盖从广角到超远摄的各个焦段，能满足各种不同场景的风光拍摄需求。

光圈 f/8，快门 1/10s，焦距 344mm，感光度 ISO800

344mm 焦距下的满月。配镜方案 1 缺少这一焦距所在焦段。

• RF 14-35mm F4 L IS USM 镜头。
• RF 24-105mm F4 L IS USM 镜头。
• RF 100-500mm F4.5-7.1 L IS USM 镜头。

这种配镜方案的缺点也同样明显。无法兼顾人像写真、微距、静物等拍摄需求，功能相对单一。

7.5 人像摄影的佳能 EOS 微单配镜方案

这里所说的人像摄影，主要是指人像写真。

人像写真对人物肤色、肤质细节要求非常高，也就是对镜头画质的要求特别高。从这个角度来看，具备极佳画质的各焦段定焦镜头是必不可少的。也就是说，如果条件允许，大三元镜头首先就要配全，因为在拍摄多动的儿童时，使用变焦镜头会更好一些。

对于人像写真，35mm、50mm、85mm，甚至 135mm 的超大光圈定焦镜头几乎是必不可少的。

光圈 f/1.4，
快门 1/320s，
焦距 85mm，
感光度 ISO100
借助于 85 mm f/1.2 超大光圈定焦镜头拍摄的人像，画面整体色彩还原准确，对焦位置的画质非常锐利、清晰。

光圈 f/4，快门 30s，焦距 48mm，感光度 ISO320

第 8 章 照片好看的秘密：构图与用光

摄影是一门艺术，只有数码相机和熟练的操作技术是远远不够的，要让照片好看，必须掌握构图、光影及色彩等方面的美学知识。实际上，经过一段时间的学习之后，不同摄影师创作出的照片，成败主要就体现在构图、用光的差别上。

8.1 构图决定一切

黄金分割构图法及其拓展

学习摄影构图，黄金分割构图法（以下称为黄金构图法则）是必须掌握的构图知识，因为黄金构图法则是摄影学中最为重要的构图法则之一，并且许多其他构图方法都是由黄金构图法则演变或是简化而来的。而黄金构图法则又是由黄金分割点演化来的。黄金分割点据传是古希腊学者毕达哥拉斯发现的一条自然规律，即在一条直线上，将一个点置于黄金分割点上时给人的视觉感受最佳。详细的黄金分割理论比较复杂，这里只对摄影构图中常用的实例进行讲解。

"黄金分割"公式可以由一个正方形来推导，将正方形的一条边二等分，取中点 x，以 x 点为圆心，线段 xy_1 为半径画圆，其与底边延长线的交点为 z。这样可将正方形延伸并连接为一个矩形，由图中可知 $A:C=B:A=5:8$。在摄影学中，35mm 胶片幅面的比率正好非常接近 5：8 的比率（24：36=5：7.5），因此在摄影学中可以比较完美地利用黄金构图法则构图。

通过上述推导可得到一个被认为是很完美的矩形，在这一矩形中，连接该矩形左上角和右下角对角线，然后从右上角向 y 点作一线段交于对角线，这样就把矩形分成了 3 个不同的区域。按照这 3 个区域安排画面中各不同平面，即为比较标准的"黄金构图"。

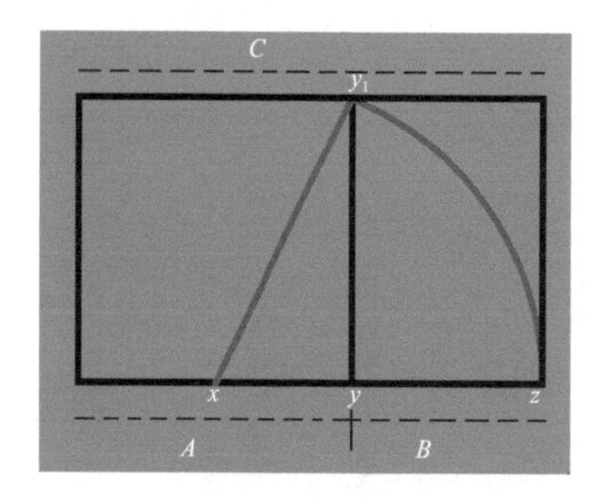

利用黄金构图法则绘制矩形

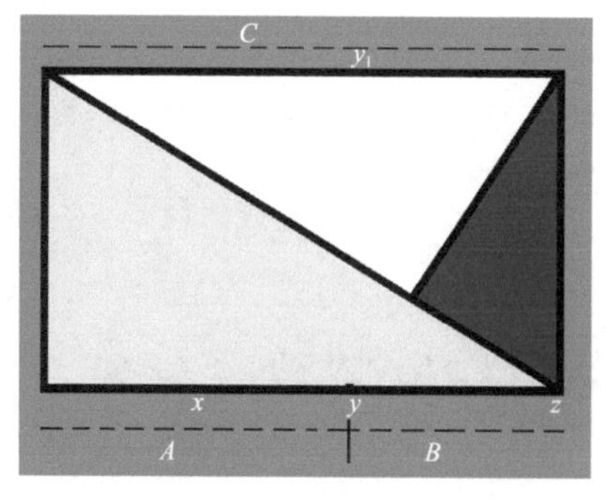

按黄金构图法则确定的 3 个区域

黄金构图案例

使景物获得准确、经典的黄金构图，是非常不容易的。

光圈 f/7.1，快门 1/800s，焦距 16mm，感光度 ISO100，曝光补偿 -0.7EV

但在具体应用中，以如此复杂的方式进行构图太麻烦了，并且大多数景物的排列也不会如经典的黄金构图一样。其实在黄金构图的这个矩形中，我们可以发现中间分割 3 个区域的点非常醒目，处于视觉的中心位置，如果主体位于这个点附近，则很容易引人注目。在摄影学中，这个位置便被大家称为黄金构图点。

光圈 f/8，快门 1/500s，焦距 105mm，感光度 ISO100

画面中的主体位于黄金构图点附近，非常醒目。

“万能”三分法

在拍摄一般的风光时，地平线通常是非常自然的分界线。常见的分割方法有两种，一种是地平线位于画面上半部分，即天空与地面的比例是 1 ∶ 2；另一种是地平线位于画面的下半部分，这样天空与地面的比例就变成了 2 ∶ 1。选择天空与地面的比例时，要先观察天空与地面上哪些景物更有表现力，一般情况下，天气不是很好时天空会显得比较乏味，这时应该将天空放在上面的 1/3 处。使用三分法构图时，可以根据色彩、明暗等的不同，将画面自然地分为 3 个层次，恰好适应人的审美观念。过多的层次（超过 3 个层次，如 4 个及以上）一般会显得画面烦琐，也不符合人的视觉习惯；过少的层次又会使画面显得单调。

光圈 f/8，快门 1/640s，焦距 105mm，感光度 ISO100

地平线把画面分为 3 个层次，一些重要景物位于分界线上，这种三分法构图是非常简单、漂亮的构图形式。

8.2 对比构图法

对比是把被摄对象的各种形式、要素间不同的形态、数量等进行对照，可使其各自的特质更加明显、突出，对观赏者的视觉感受有较大的刺激，造成醒目的效果。通俗地说，对比就是有效地表现异质、异形、异量等差异。对比的形式是多种多样的，在实际拍摄当中，我们结合创作主题进行对比拍摄可以有非常精彩的表现。

明暗对比构图法

摄影画面是由光影构成的，因此影调的明暗对比显得尤为重要。使用明暗对比构图法时，需要掌握正确的曝光条件，通过相机进行曝光控制，通过表现主体、陪体、前景与背景的明暗度来强调主体的位置与重要性。使用明暗对比构图法时，画面中亮部区域与暗部区域的明暗对比反差很大，但要保留部分暗部区域的细节，因此拍摄者在对画面进行曝光时应慎重选择测光点的位置。

光圈 f/8，快门 1/2000s，焦距 180mm，感光度 ISO100

利用较暗的背景与明亮的主体进行对比，既强调了主体的位置，又通过明暗对比营造出了一种强烈的视觉效果。

远近对比构图法

远近对比构图法是指利用画面中主体、陪体、前景以及背景之间的距离感，来强调、突出主体 。多数情况下，主体会处于离镜头较近的位置，观赏者的视觉感受也是如此。由于需要突出距离感，而主体又需要清晰地表现出来，因此拍摄时对焦距与光圈的控制比较重要。焦距过长会造成景深较浅的情况发生，光圈过大也是如此，并且在这两种状态下对焦时很容易跑焦，如果主体模糊，画面就会失去远近对比的意义。

光圈 f/6.3，快门 1.6s，焦距 19mm，感光度 ISO100，曝光补偿 -0.3EV
画面中近处的建筑较大，与远处较小的建筑形成远近对比，既符合人眼的视觉规律，又增强了画面的故事性。

大小对比构图法

摄影画面中，体积、大小不同的物体放在一起会产生对比效果。大小对比构图法是指在构图、取景时特意选取大小不同的主体与陪体，以形成对比关系，取景的关键是选择体积小于主体或视觉效果较弱的陪体。按照这一规律，长与短、高与低、宽与窄的对象都可以形成对比。

光圈 f/2.8，
快门 20s，
焦距 14mm，
感光度 ISO2000
相同的主体对象，利用它们之间的大小对比可以使画面更具观赏性。

虚实对比构图法

人们习惯把照片的整个画面拍得非常清晰，但是许多照片并不需要整个画面都清晰，而是让画面的主要部分清晰，让其余部分模糊。在摄影画面中，让模糊部分衬托清晰部分，清晰部分会显得更加鲜明、更加突出。这就是虚实相间，以虚映实。

光圈 f/5.6，
快门 1/350s，
焦距 45mm，
感光度 ISO100
虚实对比构图法中多用虚化的背景及陪体等来突出主体的地位。

8.3 常见的空间几何构图形式

前文中我们介绍了大量的构图理论与规律，可以帮助读者进一步地掌握构图原理，拍摄出漂亮的照片。除此之外，使景物的排列按照一些字母或其他结构来组织的空间几何构图形式也比较常见，如常见的对角线构图、三角形构图、S 形构图等。这些构图形式符合人眼的视觉规律，并且能够额外地传达出一定的信息。例如，采用三角形构图的照片除可表现主体的形象之外，还可以传达出一种稳固、稳定的心理暗示。

光圈 f/8，快门 1.6s，焦距 14mm，感光度 ISO400
以对角线为走向的线条让画面富有动感，又具有韵律美。

光圈 f/11，快门 1/320s，
焦距 15mm，感光度 ISO400
V 形构图在拍摄城市时比较常用，可以形成稳定的支撑结构，是冲击力十足的构图形式。

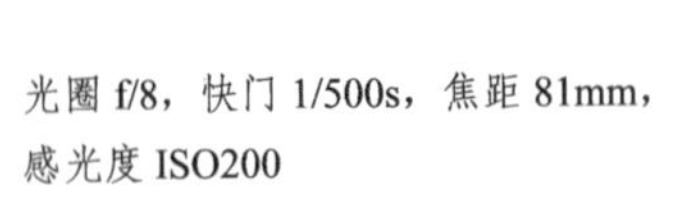

光圈 f/8，快门 1/500s，焦距 81mm，
感光度 ISO200
S 形构图能够为风光照片带来深度上的变化，让画面显得悠远、有意境，且可以强化照片的立体感和空间感。

光圈 f/1.4，快门 5s，焦距 24mm，感光度 ISO10000

三角形构图的形式比较多，有用于形容主体和陪体关系的连点三角形构图，也有主体形状为三角形的直接三角形构图。并且三角形的上下位置也有不同，正三角形构图是一种稳定的构图，如同三角形的特性一样，象征着稳定、均衡；而倒三角形构图则正好相反，刻意传达出不稳定、不均衡的意境。具体使用正三角形构图还是倒三角形构图，要根据现场拍摄场景的具体情况来确定。

8.4 光的属性与照片效果

直射光摄影分析

直射光是一种比较明显的光，照射到被摄主体上时会使其产生受光部分和阴影部分，并且这两部分的明暗反差比较强烈。选择直射光进行摄影时，非常有利于表现被摄主体的立体感，勾画景物形状、轮廓、体积等，并且能够使画面产生明显的影调层次。一般在晴朗的白天，自然光照明条件下，大多数拍摄画面中都不是只有单一直射光照明，总会有各种反射、折射、散射的混合光线影响被摄主体的照明，但由于太阳直射光线的效果最为明显，因此可以近似看为直射光照明。

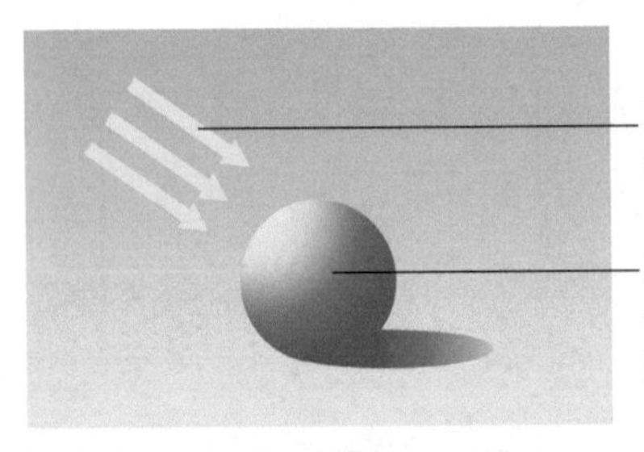

直射光的光源和光线方向都非常明显。

直射光照射到被摄主体时，会在被摄主体表面产生极强的明暗反差。

直射光多用来刻画被摄主体的轮廓、图案、线条等，或表现刚毅、热烈的情绪。

光圈 f/4，
快门 1/500s，
焦距 11mm，
感光度 ISO80，
曝光补偿 -0.3EV
在直射光下拍摄风光题材的作品时，一切都变得更加简单。受光与阴影部分会形成自然的影调层次，使画面变得更具立体感。

散射光摄影分析

除直射光之外，另一种大的分类就是散射光了，也叫漫射光、软光，指没有明显光源，光线没有特定方向的光线环境。散射光在被摄主体上任何一个部位所产生的亮度和给人的感觉几乎都是相同的，即使有差异也不会很大。这样被摄主体的各个部分在所拍摄的照片中表现出来的色彩、材质和纹理等也几乎都是一样的。

在散射光下进行摄影，曝光的过程是非常容易控制的。因为散射光下没有明显的高光亮部与弱光暗部，没有明显的反差，所以拍摄比较容易，并且很容易把被摄主体的各个部分都表现出来，而且表现得非常完整。但也有一个问题，因为画面各部分亮度比较均匀，不会有较大的明暗反差的存在，画面影调层次欠佳，这会影响视觉效果，所以需要通过景物自身的明暗、色彩来表现画面层次。

光圈 f/9，快门 30s，焦距 20mm，感光度 ISO100
在散射光下拍摄风光画面，构图时一定要选择明暗差别大一些的景物，这样景物自身会形成一定的影调层次，画面会令人感到非常舒适。

光圈 f/2，快门 1/500s，焦距 85mm，感光度 ISO100
在散射光下拍摄人像，可以使画质细腻、柔和。

8.5 光线的方向性

顺光照片的特点

对拍摄者来说，顺光摄影操作比较简单，也比较容易拍摄成功。因为光线顺着镜头的方向照向被摄主体，被摄主体的受光部分会成为所拍摄照片的内容，其阴影部分一般会被遮挡住，这样因为阴影与受光部分的亮度反差带来的拍摄难度就没有了。这种情况下，拍摄的曝光过程就比较容易控制。在顺光下拍摄的照片中，被摄主体表面的色彩和纹理都会呈现出来，但是一般不够生动。如果光线照射强度很高，景物色彩和表面纹理还会损失细节。顺光摄影适合摄影新手用来练习用光，另外在拍摄记录照片及证件照时使用较多。

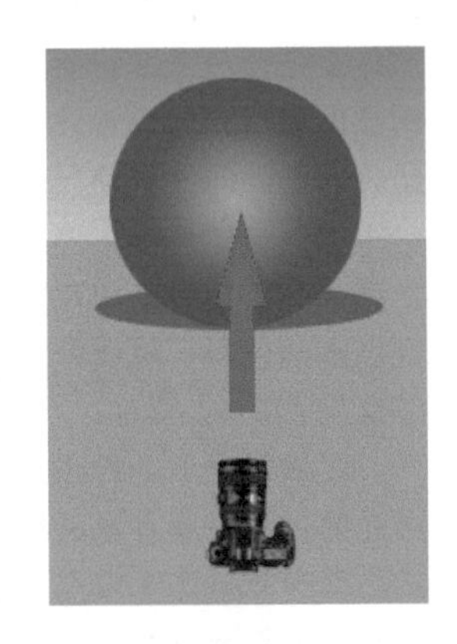

顺光拍摄示意图

光圈 f/11，快门 0.5s，焦距 200mm，感光度 ISO100

顺光拍摄时，虽然画面会缺乏影调层次，但能够保留更多的主体表面细节。因为顺光拍摄时几乎没有阴影部分，所以很少会产生损失画面细节的情况。

侧光照片的特点

侧光是指来自被摄主体左右两侧，与镜头朝向成近 90° 角的光线。这样主体的投影会落在侧面，主体的明暗影调各占一半，影子修长而富有表现力，表面结构十分明显，每一个细小的隆起处都产生明显的影子。采用侧光摄影，能比较突出地表现被摄主体的立体感、表面质感和空间纵深感，可造成较强烈的造型效果。在侧光下拍摄林木、雕像、建筑物、水纹、沙漠等各种表面结构粗糙的主体时，能够获得影调层次非常丰富、空间效果强烈的画面。

侧光拍摄示意图

光圈 f/10，快门 1/250s，焦距 200mm，感光度 ISO100

侧光拍摄时，一般会在主体上形成清晰的明暗分界线。

斜射光照片的特点

斜射光又分为前侧斜射光（斜顺光）和后侧斜射光（斜逆光）。整体来看，斜射光是摄影中的主要用光方式，因为斜射光不单适合表现被摄主体的轮廓，更能通过被摄主体呈现出来的阴影部分增加画面的明暗层次，使得画面更具立体感。拍摄风光题材时，无论是大自然的花草树木还是建筑物，由于被摄主体的轮廓线之外就会有阴影的存在，因此会给予欣赏者立体的感受。

斜射光拍摄示意图

光圈 f/7.1，快门 1/800s，焦距 200mm，感光度 ISO400，曝光补偿 -1.7EV
拍摄风光、建筑等题材时，斜逆光是使用较多的光线，能够很容易地勾勒出画面中的主体及其他景物的轮廓，增加画面的立体感。

逆光照片的特点

逆光与顺光是完全相反的两类光线，是指光源位于被摄主体的后方，照射方向正对相机镜头的光线。逆光下的环境明暗反差表现与顺光下的完全相反，

受光部分也就是亮部位于被摄主体的后方，镜头无法拍摄到，镜头所拍摄到的画面是被摄主体背光的阴影部分，亮度较低。应该注意的是，虽然镜头只能捕捉到被摄主体的阴影部分，但是主体之外的背景部分却因为光线的照射而成为亮部。这样造成的后果就是画面反差很大，因此在逆光下很难拍到主体和背景都曝光准确的照片。利用逆光的这种性质，可以拍摄剪影的效果，极具感召力和视觉冲击力。

逆光拍摄示意图

光圈 f/5.6，
快门 1/200s，
焦距 240mm，
感光度 ISO400
在逆光下拍摄人像，人物发丝边缘会有发际光，给人梦幻的美感。

光圈 f/8，
快门 1/4000s，
焦距 115mm，
感光度 ISO100

强烈的逆光会让主体正面曝光不足而形成剪影。当然，所谓的剪影不一定是非常彻底的，主体可以如本画面这样有一定的细节显示出来，这样画面的细节和层次都会更加丰富、漂亮。

顶光照片的特点

顶光是指来自被摄主体顶部的光线，与镜头朝向成 90° 左右的角。晴朗天气里正午的太阳通常可以看作最常见的顶光光源之一，另外通过人工布光也可以获得顶光光源。正常情况下，顶光不适合用来拍摄人像照片，因为拍摄时人物的头顶、前额、鼻头很亮，而下眼睑、颧骨下面、鼻子下面完全处于阴影之中，这会造成一种反常、奇特的形态。因此，一般都避免使用这种光线拍摄人物。

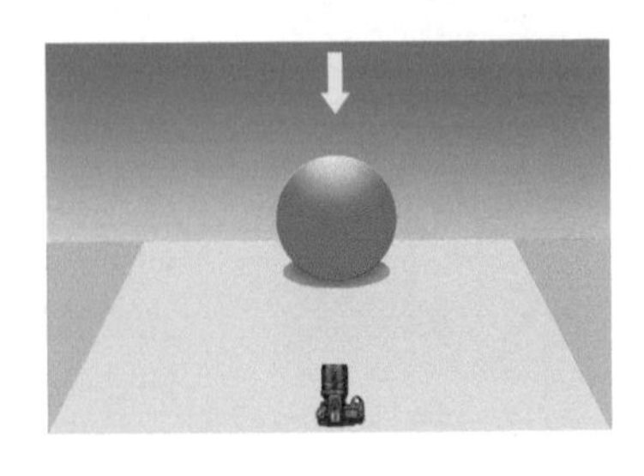

顶光拍摄示意图

光圈 f/7.1，快门 1/200s，焦距 44mm，感光度 ISO320，曝光补偿 +1EV
在一些较暗的场景中，如老式建筑、山谷、密林等，由于内部与外部的亮度反差很大，这样外部的光线在照射进来时，会形成非常漂亮的光束，并且光束的质感强烈。

光圈 f/4，快门 30s，焦距 48mm，感光度 ISO320

第 9 章
视频前期拍摄与后期剪辑的概念

我们在下载电影、处理视频的时候经常会看到分辨率、帧数、码率、编码这样的词语，可能感觉对之很熟悉却不能很恰当地解释出来。若我们能完全理解这些词语的概念，对我们平时工作中该如何应用视频、如何对视频进行简单的处理，会有很大帮助。

9.1 理解分辨率并设置

分辨率，也常称为图像的尺寸和大小。指一帧图像包含像素的多少，它直接影响图像大小。分辨率越高，图像越大；分辨率越低，图像越小。

常见的分辨率如下：

4K：4096 像素 ×2160 像素 / 超高清；

2K：2048 像素 ×1080 像素 / 超高清；

1080P：1920 像素 ×1080 像素 / 全高清；

720P：1280 像素 ×720 像素 / 高清。

通常情况下，4K 和 2K 常用于计算机剪辑，而 1080P 和 720P 常用于手机剪辑。1080P 和 720P 的使用频率较多，因为相应文件的容量会小一些，手机编辑起来会更加轻松。

佳能每一代微单机型都会对视频功能进行升级，以佳能 EOS R5 为例，可以录制最高 8K RAW 格式的视频，并搭载 C.LOG、C.LOG3 曲线，为后期的视频调色、曝光调整、对比度调整等带来了极大的便利，使视频更创意化和个性化。

不过需要注意的是，虽然相机支持很高分辨率的视频拍摄，但播放高分辨率的视频也需要相对应的设备支持。举个例子，如果拍摄 4K 的视频，那么必须要有 4K 的显示器进行匹配，否则画质将会被很大程度地压缩。因此在拍摄前要确定好输出的视频分辨率上限，然后进行相关设置，从而避免文件过大对存储和后期带来的负担。

4K 的画面清晰度较高

720P 的视频画面清晰度相对较低

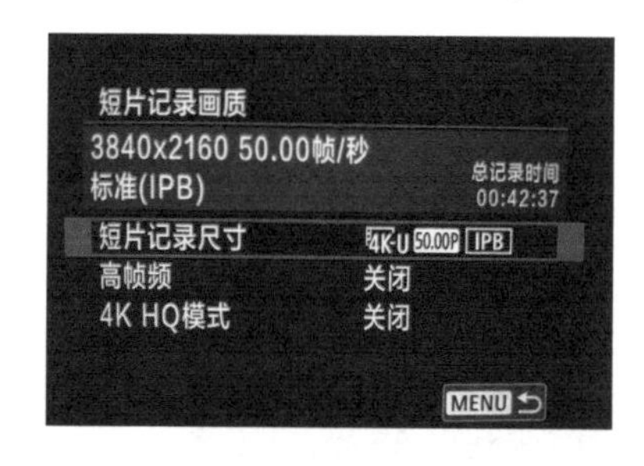

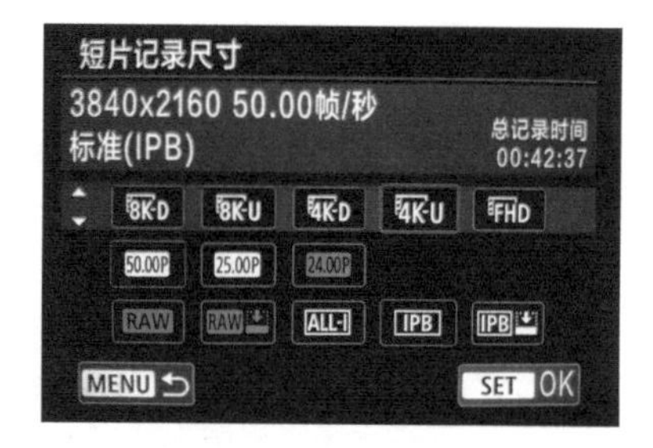

在“短片记录画质”菜单中点击“短片记录尺寸”选项，即可选择合适的分辨率进行录制。

9.2 理解帧频并合理设置

在描述视频属性时，我们经常会看到 50Hz 1080i 或是 50Hz 1080P 这样的参数。

首先明确一个原理，即视频是一幅幅连续运动的静态图像，静态图像持续、快速显示，最终以视频的方式呈现。

视频图像实现传播基于人眼的视觉残留特性，每秒连续显示 24 幅以上的不同静态图像时，人眼就会感觉图像是连续运动的，而不会把它们分辨为一幅幅静态图像。因此从再现活动图像的角度来说图像的刷新率必须达到 24Hz 以上。这里，一幅静态图像称为一帧图像，24Hz 对应的是帧频，即每秒显示 24 帧图像。

24Hz 只是能够流畅显示视频的最低值，实际上，帧频要达到 50Hz 以上才能消除视频画面的闪烁感，并且此时视频显示的效果会非常流畅、细腻。所以，当前我们看到的很多摄像设备已经具备 60Hz、120Hz 等超高帧频的参数性能。

24 帧的视频画面截图，可以看到截图并不是特别清晰

60 帧的视频画面截图，可以看到截图更清晰

在视频性能参数当中，i 与 P 代表的是视频的扫描方式。其中，i 是 interlaced 的首字母，表示隔行扫描；P 是 Progressive 的首字母，表示逐行扫描。多年以来，广播电视行业采用的是隔行扫描，而计算机显示、图形处理和数字电影则采用逐行扫描。

构成影像的基本单位是像素，但在传输时并不以像素为单位，而是将像素串成一条条的水平线进行传输，这便是视频信号传输的扫描方式。1080 就表示将画面由上至下分为了 1080 条由像素构成的线。

逐行扫描是指同时对 1080 条扫描线进行传输；隔行扫描则是指把一帧画面分成两组，一组是奇数扫描线，另一组是偶数扫描线，分别传输。

相同帧频条件下，逐行扫描的视频信号，画质更高，但传输视频信号时需要的信道太宽了。所以在视频画质下降不是太大的前提下，采用隔行扫描的方式，一次传输一半的画面信息，这会降低视频传输的代价。与逐行扫描相比，隔行扫描节省了传输带宽，但也带来了一些负面影响。由于一帧画面是由两组交错的扫描线构成的，因此隔行扫描的垂直清晰度比逐行扫描的低一些。

视频画面截图

逐行扫描第一组扫描线

逐行扫描第二组扫描线

当选择完录制视频的文件格式后就可以对拍摄帧数进行设置了，以佳能EOS R5为例，最高可以支持120Hz的高帧频视频录制，高帧频不仅可以使画面看起来更流畅，更为后期处理带来了许多可能，比如可以进行视频慢放等。

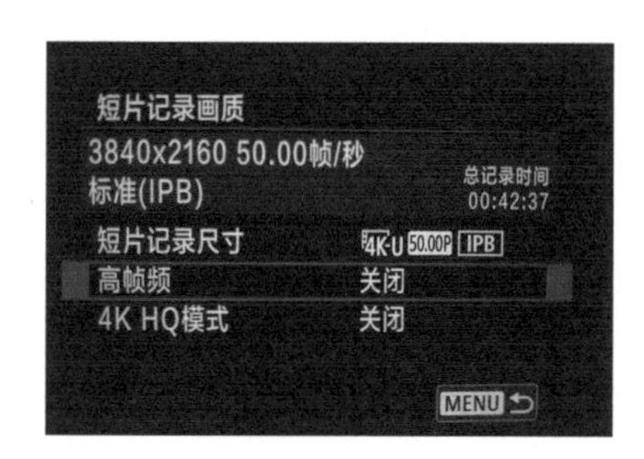

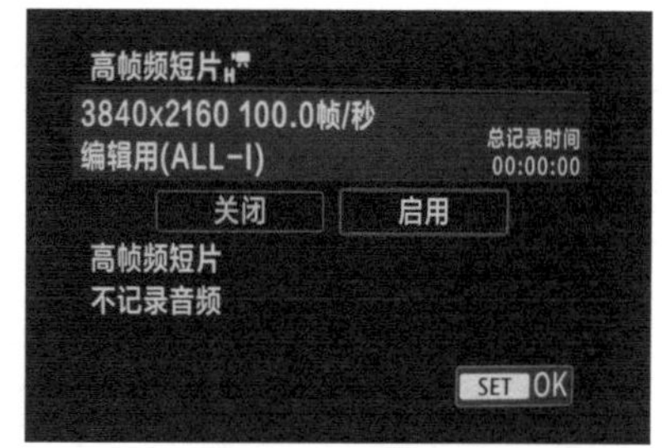

在“短片记录画质”菜单中点击“高帧频”选项，点击“启用”按钮即可开启。

9.3 理解码率

码率也叫取样率，指每秒传送的数据位数，码率越大单位时间内取样率越大，数据流精度就越高，视频画面就越清晰，画面质量也越高。码率影响视频体积，帧频影响视频的流畅度，分辨率影响视频的大小和清晰度。

以佳能 EOS R5 为例，可以通过相机内的“短片记录尺寸”菜单设置 5 种不同的压缩方式，分别为 RAW 、RAW 轻、ALL-I、IPB 和 IPB 轻。在这 5 种压缩方式中，压缩率逐渐升高，因此视频码率依次降低。在 RAW 中最高可以支持 2600Mbit/s 的视频拍摄。值得注意的是，如果要录制超高码率视频，需要使用 CFexpress 1.0 及以上的 SD 卡，否则无法正常写入。以佳能 EOS R5 为例，在 4K 模式下录制一段 25P 100Mbit/s、时长为 8min 的视频，需要占用约 8GB 存储空间，这是很庞大的数据量，所以在设置码率时一定要仔细斟酌。

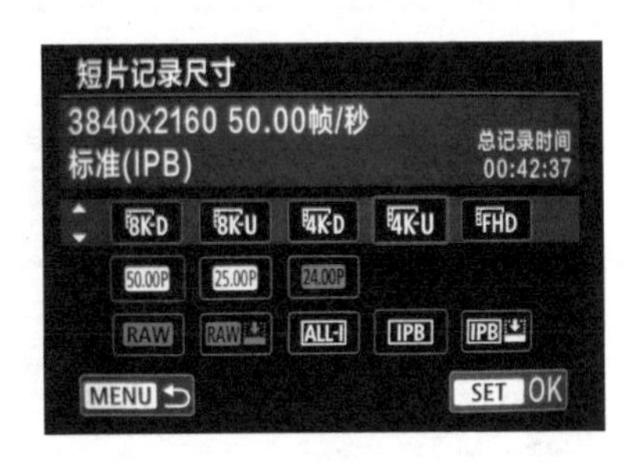

在“短片记录尺寸”菜单中可以选择不同的压缩方式以获得合适码率的视频。

9.4 理解视频编码

视频编码是指对视频进行压缩或解压缩的方式，或者对视频格式进行转换的方式。

压缩视频体积，必然会导致数据的损失。在最小数据损失的前提下尽量压缩视频体积，是视频编码的第一个研究方向；视频编码的第二个研究方向是通过特定的编码格式，将一种视频格式转换为另一种格式，如将 AVI 格式转换为 MP4 格式等。

视频编码主要有两大类，一是 MPEG（Motion Picture Experts Group，运动图像专家组）系列，二是 H.26X 系列。

MPEG系列（由ISO下属的MPEG开发）

（1）MPEG-1 第二部分，主要使用在 VCD 上，有些在线视频也使用这种格式。该编解码器的体积大致上和原有的 VHS 录像带相当。

（2）MPEG-2 第二部分，等同于 H.262，主要应用于 DVD、SVCD 和大部分数字视频广播系统和有线分布系统中。

（3）MPEG-4 第二部分，可以应用在网络传输、广播和媒体存储上，相比于 MPEG-2 和第一版的 H.263，它的压缩性能有所提高。

（4）MPEG-4 第十部分，技术上和 H.264 是相同的，有时候也被称作“AVC”。在 MPEG 与 ITU（International Telecommunications Union，国际电信联盟）合作后，诞生了 H.264/AVC 标准。

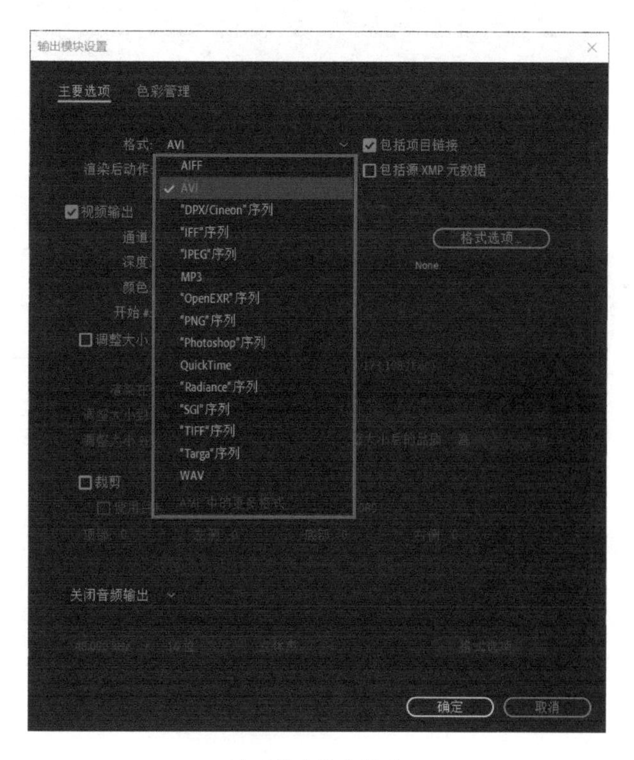

编码格式设定界面

H.26X系列（由ITU主导）

H.26X 系列包括 H.261、H.263、H.264、H.265 等。

（1）H.261，主要在以前的视频会议和视频电话产品中使用。

（2）H.263，主要用在视频会议、视频电话和网络视频上。

（3）H.264，是一种视频压缩标准，一种被广泛使用的高精度的视频录制、压缩和发布格式。

（4）H.265，是一种视频压缩标准，这种编码格式，不仅可提升图像质量，同时可达到 H.264 格式的两倍压缩率。其支持 4K 甚至超高画质电视，最高分辨率可达到 8192 像素 ×4320 像素（8K），是目前发展的趋势。

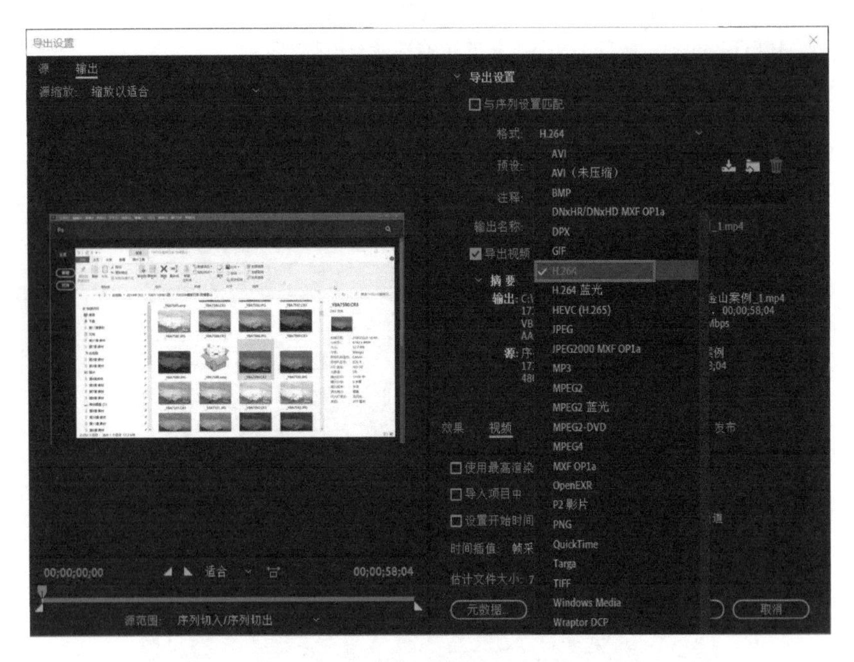

设定 H.264 格式

视频参数表达中各参数的含义如下。

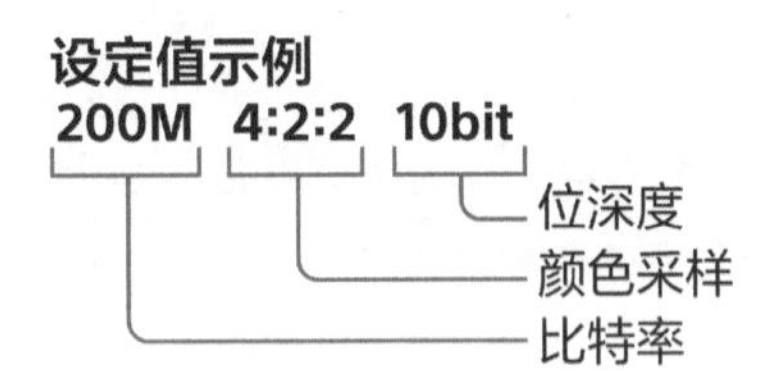

（1）比特率越高，越能够以高画质进行拍摄。

（2）颜色采样（4∶2∶2、4∶2∶0）是颜色信息的记录比率。该比率越均匀，色彩再现性会越好，在使用绿色背景等进行合成时，也能整齐地去除颜色。

（3）位深度是亮度信息的层次。8bit 时具有 256 个等级的灰度，10bit 时具有 1024 个等级的灰度。该数字越大，越能平滑表现明亮部分到黑暗部分的渐变。

9.5 理解视频格式

视频格式是指视频保存的格式，用于把视频和音频放在一个文件中，以便同时播放。常见的视频格式有 MP4、MOV、AVI、MKV、WMV、FLV、RAM 等。

这些不同的视频格式，有些适用于网络播放及传输，有些适用于在本地设备当中以某些特定的播放器进行播放。

MP4格式

MP4 全称 MPEG-4，是一种多媒体计算机档案格式，扩展名为 .mp4。

MP4 是一种非常流行的视频格式，许多电影、电视视频的格式都是 MP4。其特点是压缩效率高，能够以较小的体积呈现出较高的画质。

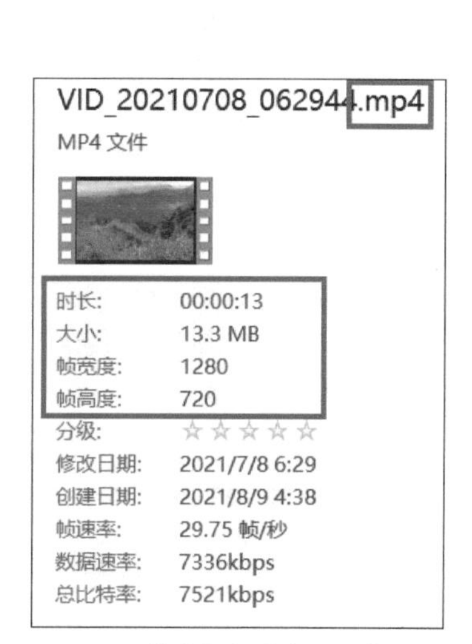

MP4 格式视频的大致信息

MOV格式

MOV 是由苹果公司开发的一种音频、视频文件格式，也就是平时所说的 QuickTime 影片格式，常用于存储音频和视频等数字媒体。

它的优点是影片质量出色，不压缩，数据流通快，适用于视频剪辑制作；缺点是文件较大。在网络上一般不使用 MOV 及

AVI 等体积较大的格式，而是一般使用体积更小、传输速度更快的 MP4 等格式。

AVI格式

AVI（Audio Video Interleaved）是由微软公司在 1992 年发布的视频格式，可以说是历史最悠久的视频格式之一。

AVI 格式调用方便、图像质量好，但体积往往会比较庞大，并且有时候兼容性一般，在有些播放器中无法播放。

MKV格式

MKV 是一种多媒体封装格式，有容错性强、支持封装多重字幕、可变帧速、兼容性好等特点，是一种开放标准的自由的容器和文件格式。

从某种意义上来说，MKV 只是个“壳子”，它本身不编码任何视频、音频等，但它足够标准、足够开放，可以把其他视频格式的特点都装到自己的壳子里。所以它本身没有什么画质、音质等方面的优势可言。

IMG_0480.MOV

MOV 文件

时长:	00:00:08
大小:	11.0 MB
帧宽度:	1280
帧高度:	720
分级:	☆☆☆☆☆
修改日期:	2017/3/14 22:14
创建日期:	2021/8/9 4:38
帧速率:	29.97 帧/秒
数据速率:	0kbps
总比特率:	64kbps

MOV 格式视频的大致信息

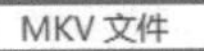

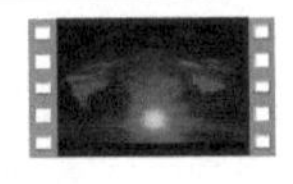

时长:	02:18:43
大小:	3.19 GB
帧宽度:	1280
帧高度:	720
分级:	☆☆☆☆☆
修改日期:	2021/2/26 10:20
创建日期:	2021/2/26 10:12
帧速率:	23.98 帧/秒
数据速率:	0kbps
总比特率:	448kbps

MKV 格式视频的大致信息

WMV格式

WMV（Windows Media Video）是一种数字视频压缩格式的文件，它是由微软公司开发的一种流媒体格式。其主要特征是同时适合本地或网络回放、支持多语言、扩展性强等。

WMV 格式最大的优势是在同等视频质量下，WMV 格式的文件可以边下载边播放，因此很适合在网上播放和传输。

FLV/F4V格式

FLV（FLASH VIDEO）流媒体格式是一种新的视频格式，其实就是曾经非常“火”的 FLASH 文件格式。它的优点是体积非常小，所以特别适合在网络播放及传输。

F4V 格式是继 FLV 格式之后，Adobe 公司推出的支持 H.264 编码的流媒体格式，F4V 格式比 FLV 格式更加清晰。

FLV 格式视频的大致信息

REAL VIDEO格式

REAL VIDEO 是由 RealNetworks 公司所开发的一种高压缩比的视频格式，扩展名有 .ra、.rm、.ram、.rmvb。

REAL VIDEO 格式主要用来在低速率的广域网上实时传输活动视频影像，可以根据网络数据传输速率的不同而采用不同的压缩比率，从而实现影像数据的实时传送和实时播放。

RMVB 格式视频的大致信息

ASF格式

ASF（Advanced Streaming format）是微软公司为了与 RealNetworks 公司的 REAL VIDEO 格式竞争而推出的一种可以直接在网上观看视频的文件压缩格式。ASF 使用了 MPEG-4 的压缩算法，压缩率和图像的品质效果都不错。

蓝光

蓝光光碟（Blu-ray Disc，BD），又称蓝光，它是DVD之后下一代的高画质影音储存媒体，普通蓝光光碟可以达到20GB以上的容量，甚至达到惊人的100GB，所以可以存储更清晰的影片。从这个角度来说，这种格式更适合在本地的播放设备上播放，在一些家庭影院设备上播放蓝光媒体，可以给人非常好的画质及音质享受。

9.6 理解视频流

我们经常会听到“H.264码流”“解码流”“原始流”“YUV流”“编码流”“压缩流”“未压缩流”等叫法，实际都是对于视频是否经过压缩的表述。

视频流大致可以分为两种，即经过压缩的视频流和未经压缩的视频流。

经过压缩的视频流

经过压缩的视频流也被称为“编码流”，目前以H.264为主，因此也称为“H.264码流”。

未经压缩的视频流

未经压缩的视频流也就是解码后的流数据，称为“原始流”，也常称为“YUV流”。

从“H.264码流”到“YUV流”的过程称为解码，反之称为编码。

第 10 章 认识镜头语言

镜头语言就是用镜头拍摄的画面，像用语言一样去表达我们的意思。简单来说就是，摄像机通过景别、拍摄位置和拍摄方式来充分利用镜头表象的一些特点来表达创作者的意图。拍视频就像写文章，而镜头语言就像文章中的语法。本章将讲解景别的概念、以及运动镜头。

10.1 景别的概念

远景：交代环境信息，渲染氛围

远景一般用来表现远离摄像机的环境全貌，展示人物及其周围广阔的空间环境、自然景色和群众活动大场面的镜头画面。它相当于从较远的距离观看景物和人物，提供的视野宽广，能包容广大的空间，人物较小，背景占主要地位，画面给人以整体感，细节部分却不甚清晰。

事实上，从构图的角度来说，我们可以认为这种取景方式适用于一般的摄影领域。在摄影作品当中，远景通常用于介绍环境、抒发情感。

光圈 f/2.8，快门 1/230s，焦距 4mm，感光度 ISO100

在这张照片中，可以看到利用大远景表现出了山体所在的环境信息，将天气、时间等信息都交代得非常完整。可能细节不是很理想，但是对于交代环境、时间、气候等信息是非常有效的。

全景：交代主体全貌

全景是指表现人物全身的视角。以较大视角呈现人物的体型、动作、衣着打扮等信息，虽然表情、动作等细节的表现力可能稍有欠缺，但胜在全面，能以一个画面将各种信息交代得比较清楚。

光圈 f/1.8，快门 1/800s，焦距 35mm，感光度 ISO100
这张照片以全景呈现人物，将人物身材、衣着打扮、动作、表情等都交代了出来，给出的信息是比较完整的，给人的感觉比较好。

光圈 f/2.8，快门 25s，焦距 16mm，感光度 ISO5000
所谓全景，在摄影中还引申为一种超大视角的、接近于远景的画面效果。要得到这种全景画面，需要进行多素材的拼接。前期要使用相机对着整个场景局部、持续地拍摄大量的素材，最终将这些素材拼接起来得到超大视角的画面，这也是一种全景。

中景与近景：强调主体动作、表情

中景一般是指拍摄人物膝盖以上部分的画面。中景的运用不但可以加深画面的纵深感，表现出一定的环境、气氛，而且在视频中通过镜头的组接，还能把某一冲突的经过叙述得有条不紊，因此常用于叙述剧情。

光圈 f/2，快门 1/320s，焦距 50mm，感光度 ISO100
与远景、全景相比，中景就比较好理解了，即在取景时主要表现人物膝盖以上的部分，包括我们所说的“七分身”“五分身”等，都可以称为中景。表现中景的画面，有一个问题要注意，即取景时不能切割到人物的关节。比如不能切割到人物的胯部、膝盖、肘部、脚踝等部位，否则画面会给人一种残缺感，导致构图不完整。

一般把切割到胸前的画面称为中近景，这种画面构图介于近景和特写之间，作用和近景相似，所以笔者将它们归为一类。中近景能放大人物表情、神态的程度，和近景相比，对被摄主体是一种更为细腻的刻画、程度上的加深，但是作用基本和近景相似。在拍摄这类镜头时，在构图上应尽量避免背景太过复杂，使画面显得简洁，一般多用长焦镜头或者大光圈镜头进行拍摄，利用浅景深把背景虚化，使得被摄主体成为观赏者的目光焦点。拍摄近景和中近景镜头时除了简洁的构图，对人物情感的把握也有严格的要求，这类景别无法表现恢宏的启示、广袤的场景，但是其对细节的刻画和表现力是全景以及大全景所无法比拟的。

光圈 f/2，快门 1/320s，焦距 85mm，感光度 ISO100
中景相对于全景，对人物肢体动作的表现力要求更高。拍摄中景的人像画面，人物的动作一定要有所设计，要有表现力。另外，中景的距离更近一些，所以除人物的动作设计之外，还要兼顾一定的表情，即拍摄中景的人像画面，人物表情不能过于随意。

特写：刻画细节

特写多用于拍摄人像的面部、被摄主体的局部。特写镜头能表现人物细微的情绪变化，揭示人物心灵瞬间的动向，使观赏者在视觉和心理上受到强烈的感染。

光圈 f/3.2，快门 1/160s，焦距 142mm，感光度 ISO1600

有时候，我们会以特写镜头来表现人物、动物或其他对象的重点部位。这时更多呈现的是这些重点部位的一些细节、特色。像这张照片，表现的就是山魈面部的一些细节和轮廓。

10.2 运动镜头

镜头是视频创作领域非常重要的元素，视频一切的主题、情感、画面形式等都需要有好的镜头做基础。而对镜头来说，如何表现固定镜头、运动镜头，如何进行镜头组接，都是非常重要的知识与技巧。

运动镜头，实际上是指运动摄像，就是通过推、拉、摇、移、跟等手段所拍摄的镜头。运动镜头可通过移动摄像机的机位，也可通过变化镜头的焦距来拍摄。运动镜头与固定画面相比，具有让观众视点不断变化的特点。

通过运动镜头，能使画面产生多变的景别、角度，形成多变的画面结构和视觉效果，更具艺术性。运动镜头会产生丰富多彩的画面效果，可使观众得到身临其境的视觉和心理感受。

一般来说，长视频中的运动镜头不宜过多；短视频中的运动镜头要适当多一些，画面效果会更好。

起幅：运镜的起始

起幅是指运动镜头（即运镜）起始的场面，要求构图好一些，并且有适当的时长。

一般有表演的场面应使观众能看清人物动作，无表演的场面应使观众能看清景色。具体时长可根据情节内容或创作意图而定。起幅之后，才是真正运动镜头的动作开始。

起幅画面 1

起幅画面 2

落幅：运镜的结束

落幅是指运动镜头结束的画面，与起幅相对应。要求由运动镜头转为固定画面时能平稳、自然，尤其重要的是准确，即能恰到好处地按照事先设计好的景物范围或主要被摄对象占据画面。

有表演的场面，不能过早或过晚地“停稳”画面，当画面停稳之后要有适当的时长使表演告一段落。如果是运动镜头接固定镜头的组接方式，那么运动镜头落幅的画面构图同样要求精确。

如果是运动镜头之间相连接，画面也可不停稳，而是直接切换镜头。

落幅画面 1

落幅画面 2

推镜头：营造不同的画面气氛与节奏

推镜头是指摄像机向被摄主体方向推进，或变动镜头焦距使画面框架由远而近向被摄主体不断推进的拍摄方法。推镜头有以下画面特征。

（1）随着镜头的不断推进，由较大景别不断向较小景别变化，这种变化是连续的递进过程，最后固定在被摄主体上。

（2）推进速度的快慢，要与画面的气氛、节奏相协调。推进速度缓慢可表现抒情、安静、平和等气氛，推进速度快则可表现紧张、不安、愤慨、触目惊心等气氛。

实际应用推镜头时要注意以下两个问题：

（1）推镜头过程中，要注意对焦位置始终位于主体上，避免主体出现频繁的虚实变化；

（2）最好要有起幅与落幅画面，起幅画面用于呈现环境，落幅画面用于定格和强调主体。

推镜头画面 1

推镜头画面 2

推镜头画面 3

拉镜头：让观众恍然大悟

拉镜头正好与推镜头相反，是摄像机逐渐远离被摄主体的拍摄方法，当然也是一种可通过变动焦距，使画面由近而远、与被摄主体逐渐拉开距离的拍摄方法。

拉镜头可真实地向观众交待主体所处的环境及与环境的关系。在镜头拉开前，环境是未知因素，镜头拉开后可能会给观众“原来如此”的感觉。因此拉镜头常用于侦探、喜剧类题材中。

拉镜头常用于故事的结尾，随着被摄主体渐渐远去、缩小，其周围空间不断扩大，画面逐渐扩展为或广阔的原野，或浩瀚的大海，或莽莽的森林，给人“结束”的感受，赋予抒情性结尾。

拉镜头时，特别要注意提前观察大环境的信息，并预判镜头落幅的视角，避免最终视角效果不够理想。

拉镜头画面 1

拉镜头画面 2

拉镜头画面 3

摇镜头：替代观众视线

摇镜头是指机位固定不动，通过改变镜头朝向来呈现场景中的不同对象，就如同某个人进屋后眼神扫过屋内的其他人员。实际上，摇镜头所起到的作用，也是在一定程度上替代观众的视线。

摇镜头多用于在狭窄或超开阔的环境内快速呈现周边环境。比如人物进入房间内，眼睛扫过屋内的布局、家具陈列或人物；另一个场景应用是在拍摄群山、草原、沙漠、海洋等宽广的景物时，通过摇镜头快速呈现所有景物。

使用摇镜头时，一定要注意拍摄过程的稳定性，否则画面的晃动感会破坏镜头应有的效果。

摇镜头画面 1

摇镜头画面 2

摇镜头画面 3

移镜头：符合人眼视觉习惯

移镜头是指让拍摄者沿着一定的路线运动来完成拍摄的拍摄方法。比如说，汽车在行驶过程中，车内的拍摄者手持摄像机向外拍摄，随着车的移动，视角也在不断改变，这就是移镜头。

移镜头是一种符合人眼视觉习惯的拍摄方法，让所有的被摄主体都能平等地在画面中得到展示，还可以使静止的对象运动起来。

由于机位需要在运动中拍摄，所以机位的稳定性是非常重要的。我们经常见到影视作品的拍摄中，一般要使用滑轨来辅助完成移镜头的拍摄，主要就是为了获得更好的稳定性。

使用移镜头时，建议适当多取一些前景，这些靠近机位的前景的运动速度会显得更快，这样可以强调镜头的动感。

还可以让被摄主体与机位进行反向移动，从而强调速度感。

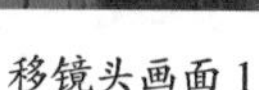
移镜头画面 1

移镜头画面 2

移镜头画面 3

跟镜头：增强现场感

跟镜头是指机位跟随被摄主体运动，且与被摄主体大致保持等距离的拍摄方法。最终得到主体不变，但景物却不断变化的效果，仿佛观众就跟在被摄主体后面，从而增强画面的现场感。

跟镜头具有很好的纪实意义，对人物、事件、场面的跟随记录会让画面显得非常真实，在纪录类题材的视频或短视频中较为常用。

跟镜头画面 1

跟镜头画面 2

跟镜头画面 3

升降镜头：营造戏剧性效果

机位在面对被摄主体时，在上下方向运动所进行的拍摄，称为升降镜头。这种镜头可以实现以多个视点表现主体或场景。

升降镜头在速度和节奏方面的合理运用，可以让画面呈现一些戏剧性效果，或强调主体的某些特质，比如说可能会让人感觉主体特别高大等。

升镜头画面 1

升镜头画面 2

升镜头画面 3

降镜头画面 1

降镜头画面 2

降镜头画面 3

第 11 章
佳能 EOS 微单视频拍摄操作步骤

强大的视频短片拍摄性能一直都是佳能专业相机的特色，而佳能 EOS R5/R6 搭载 8K 视频规格，让人感到十分惊喜。8K 的短片功能，极大程度提升了短片的影像品质。而支持触控的液晶监视器则令用户的拍摄更加轻松、流畅。此外，延时短片等功能的出现，则为视频的拍摄带了更丰富、更时尚的玩法。

11.1 了解视频拍摄状态下的信息显示

在视频拍摄状态下，屏幕中会显示许多参数和图标，了解这些参数与图标的含义可以协助用户更高效地拍摄视频。下面以佳能 EOS R5 为例，对视频拍摄过程中屏幕中出现的参数以及图标进行解释。

❶ 拍摄模式为 Av 模式。
❷ 当前文件格式下能够录制时长为 29:59 的短片。
❸ 电池剩余电量。
❹ 速控图标。
❺ 录制图标。
❻ 用于记录 / 回放的存储卡。
❼ 白平衡校正。
❽ 照片风格，当前为标准。
❾ 自动亮度优化。
❿ 蓝牙功能。
⓫ Wi-Fi 功能。
⓬ 光圈与曝光补偿。
⓭ 短片自拍定时器。
⓮ 短片伺服自动对焦。
⓯ HDR 短片功能。
⓰ 耳机音量。
⓱ 短片记录尺寸为 4K 50P IPB 压缩格式。
⓲ 自动对焦方式。
⓳ 图像稳定器。

在拍摄视频的过程中，可以按INFO按钮来切换不同的显示信息，从而以不同的显示模式进行显示。

显示主要信息

不显示信息

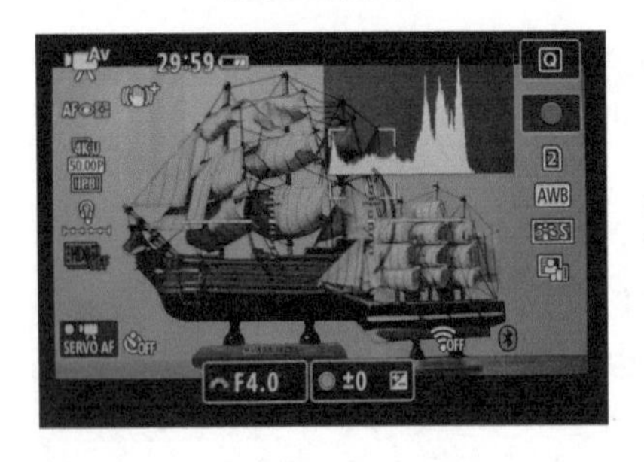

显示直方图与水平仪

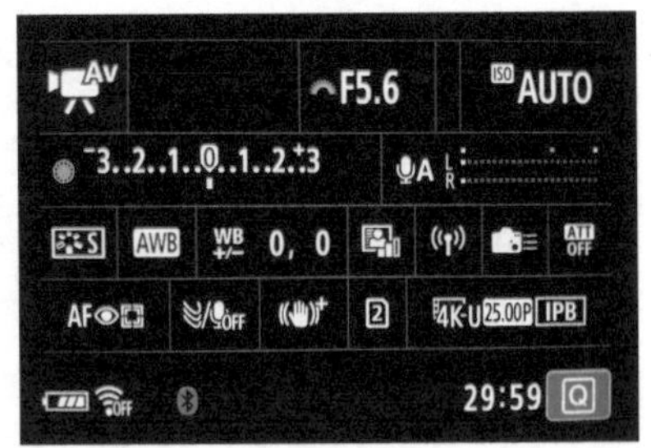

仅显示拍摄信息

11.2 录制视频短片的简易流程

下面以佳能EOS R5为例，讲解录制视频短片的简易流程。

①按MODE按钮进入拍摄模式选择界面，如果显示的是照片拍摄界面则需按INFO按钮切换到短片拍摄模式选择界面。

②根据需求切换相机拍摄模式为Tv、M、Av等模式，按下SET按钮确认。

③通过自动对焦或手动对焦方式对被摄主体进行对焦。

④按下红色的短片拍摄按钮，即可开始录制视频短片。录制完成后，再次按下短片拍摄按钮结束录制。

选择合适的拍摄模式并开始录制

选择合适的拍摄模式

拍摄前可以手动或自动对焦

开始录制视频短片

虽然录制视频短片的流程很简单，但想要录制一段高质量的视频，还需要对如何设置视频拍摄模式、设置视频对焦模式、设置视频短片参数等相对熟悉。只有理解并正确设置这些模式和参数，才能减少后期负担并产出高质量的视频短片作品。下文我们将详细介绍设置视频拍摄进阶参数。

11.3

设置视频拍摄进阶参数

设置视频格式与画质

本节主要介绍怎样设定我们所拍摄短片的画质，因为这是一项非常重要的功能设定。佳能 EOS R5 最高支持机内录制 8192 像素 ×4320 像素的 8K DCI 短片，这是 4 倍于 4K 的清晰度，因此充分利用此设定才能最大效率地拍摄视频。

在视频拍摄功能设定下，按 MENU 按钮进入菜单后，可以看到“短片记录画质”这个菜单项，按 SET 键进入。

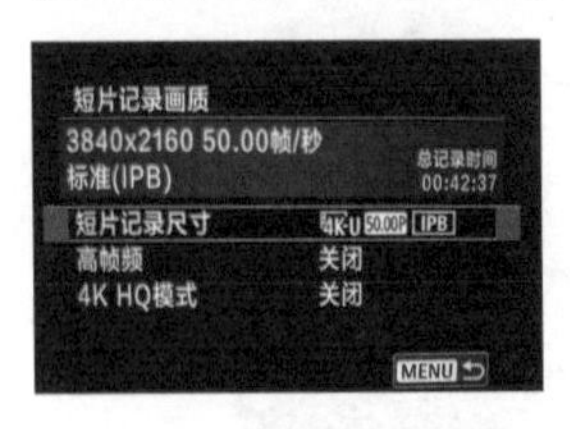

进入“短片记录画质”菜单

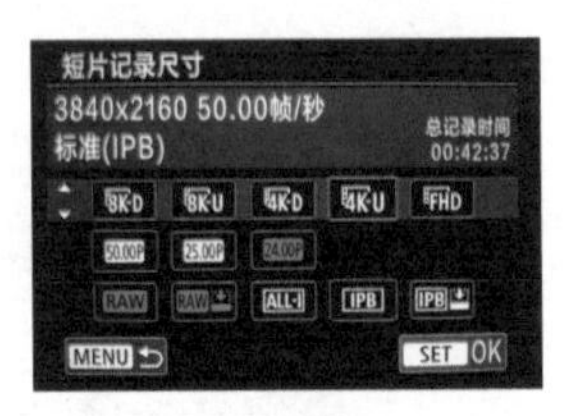

选择分辨率、帧率以及压缩方式（码率）

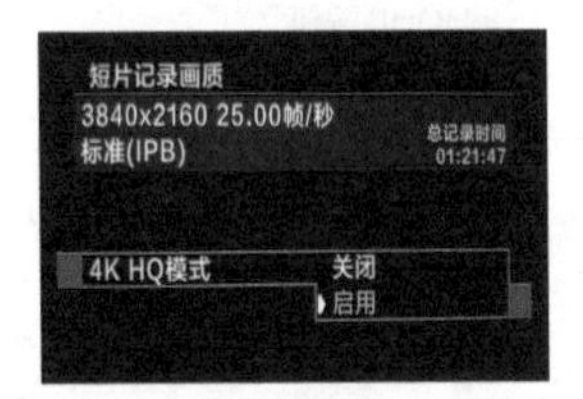

开启 4K HQ 模式以获得更高画质的 4K 视频短片（佳能 EOS R6 无此功能）

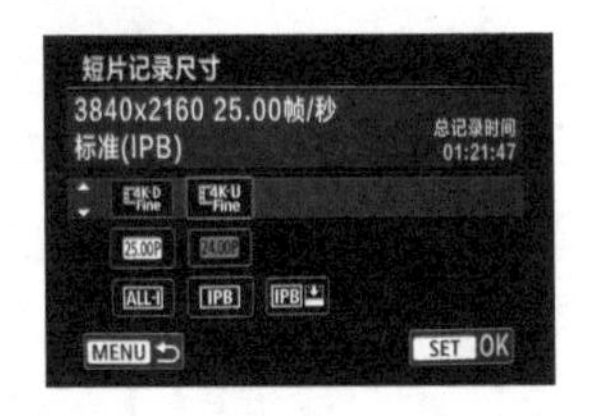

设置 4K HQ 模式下的参数

下表所示为不同短片规格对应的分辨率以及画面长宽比。

规格	分辨率	画面长宽比
8K-D	8192 像素 ×4320 像素	17：9
8K-U	7680 像素 ×4320 像素	16：9
4K-D	4096 像素 ×2160 像素	17：9
4K-U	3840 像素 ×2160 像素	16：9
FHD	1920 像素 ×1080 像素	16：9

设置视频拍摄中的快门速度

用微单拍摄视频时，快门速度的设置非常重要。它不仅关乎画面的曝光是否正确，还对视频画面的质量影响很大。

首先，用微单拍摄视频时，一般要采用 M 模式来调整快门速度。不能使用全自动、Av 或 Tv 模式。其次，要确保曝光正确。快门速度决定着进光时间的长短。它与光圈结合在一起决定了进光量，也就是画面整体的明暗效果。

在确保正确曝光的同时，快门速度的设置，还必须考虑两个元素：一是确保运动画面（机身运动）和画面内被摄主体运动（画面内人或物的运动）的视觉流畅感；二是避免出现某种光源（如日光灯）下的频闪。

在图片摄影中，快门速度越快，捕捉到的动作就越清晰。但在视频拍摄时，如果快门速度设置得过慢或过快，都会导致视频中的运动变得不流畅。快门速度过慢会导致运动主体拖影；过快会导致运动主体抖动。

所以根据经验来总结：将快门速度设定为帧速率的倍数，一般设定在 2 倍左右效果比较理想。也就是说，如果帧速率设定在 24 帧 / 秒或 25 帧 / 秒，就把快门速度设定在 1/50s 或 1/100s；如果帧速率是 30 帧 / 秒，就把快门速度设定为 1/60s 或 1/120s； 如果帧速率是 50 帧 / 秒，就把快门速度设定为 1/100s 或 1/200s；如果帧速率是 60 帧 / 秒，就把快门速度设定为 1/125s 或 1/250s。

当然，如果画面中没有明显运动的被摄主体，快门速度的设置可以不受上述方法的限定，但快门速度的数值至少不能低于拍摄时的帧速率的倒数。例如，当帧速率设定在 50 帧 / 秒时，快门速度要快于 1/50s。

快门速度过慢会导致视频画面中运动主体拖影

快门速度过快会导致视频画面中运动主体抖动

开启短片伺服自动对焦功能

在拍摄视频时，有两种对焦方式可供选择，一种是自动对焦，另一种是手动对焦。而自动对焦中又包含能够对移动主体进行实时对焦的短片伺服自动对焦功能。

短片伺服自动对焦是针对运动中的被摄主体进行连续自动对焦的功能。在一般自动对焦方式下，半按快门按钮后焦点位置会被锁定，而在短片伺服自动对焦功能开启后，焦点的位置是随被摄主体位置的移动而变化的。对于拍摄一些移动中的主体（比如汽车、飞机）是十分方便的。

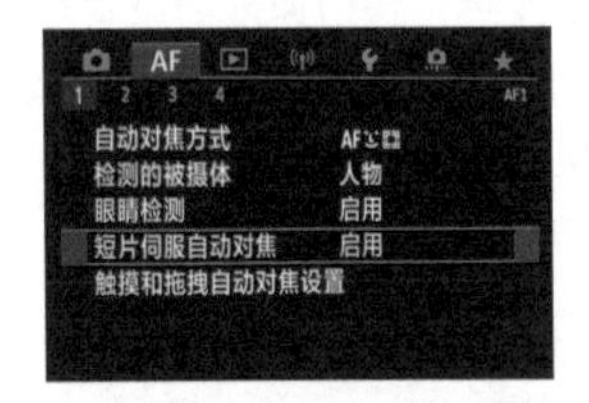

在“AF”菜单 1 中点击“短片伺服自动对焦”选项，即可开启此功能。

开启短片伺服自动对焦功能之后，即可使相机在拍摄期间，即使不半按快门按钮也能自动识别运动主体进行对焦。值得注意的是，如果在短片记录期间执行自动对焦操作或者操作相机或镜头，相机的内置麦克风可能还会记录镜头机械声或相机 / 镜头操作音。在这种情况下，使用外接麦克风可能会减少记录这些声音。如果使用外接麦克风时仍然受到这些声音的干扰，将外接麦克风从相机上取下并将其远离相机和镜头可能会非常有效。

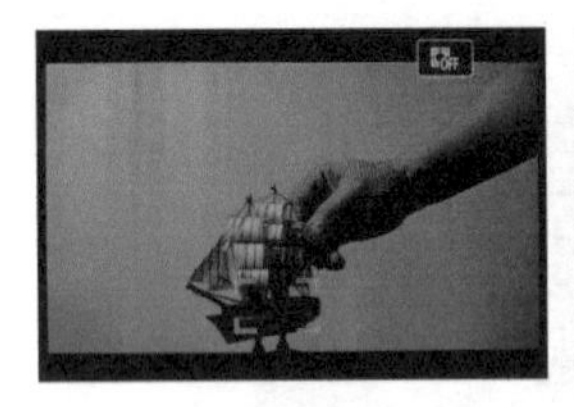

通过上面所示的 3 幅图我们可以看到，随着小船不断向镜头前进，相机能够始终保持跟焦。

设置短片伺服自动对焦追踪灵敏度与速度

当录制视频时，可以对短片伺服自动对焦追踪灵敏度与速度进行设置。首先设置 AF 过渡速度，这个参数相当于从一个点到另一个点相机对焦过渡速度的变化快慢，数值越大则变化速度越快。在有对象经过被摄主体形成遮挡时，对焦点不会很快发生改变，这样会增加整段视频的流畅度。

“短片伺服自动对焦追踪灵敏度”指的是对焦灵敏度，数值越偏向“敏感”，则对焦灵敏度就越高，会快速更换对焦主体；反之则相当于锁定对焦，不会改变对焦。这个参数在拍摄快速运动的主体时很有用，当数值设置得很高时，相机会很快做出判断，保证焦点的准确。

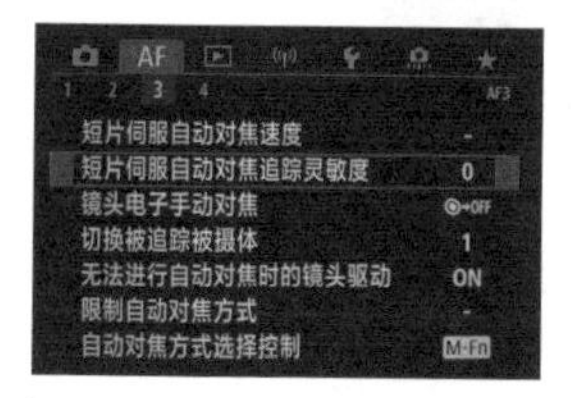

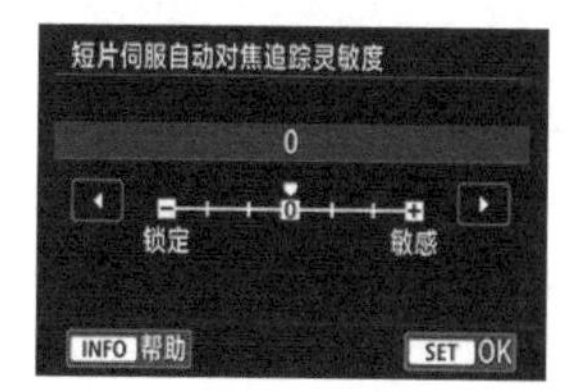

在“AF”菜单3中点击“短片伺服自动对焦追踪灵敏度”选项，向左或右滑动滑块可设置应对不同场景的数值。

在右图这个拍摄场景中，如果赛车被其他摄影师遮挡，短片伺服自动对焦追踪灵敏度设置得过高时，焦点就会落在摄影师身上，因此数值必须合理设置。

开启短片伺服自动对焦功能后，为了让焦点转移更加自然，需要对短片伺服自动对焦速度进行设置。短片伺服自动对焦速度越慢，焦点转移速度越慢，画面看起来会越柔和、顺畅；短片伺服自动对焦速度越快，对焦速度越灵敏，相机越能够快速识别不同被摄主体从而改变焦点。

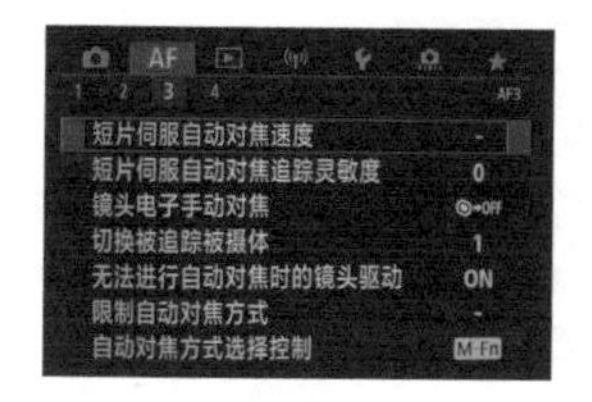

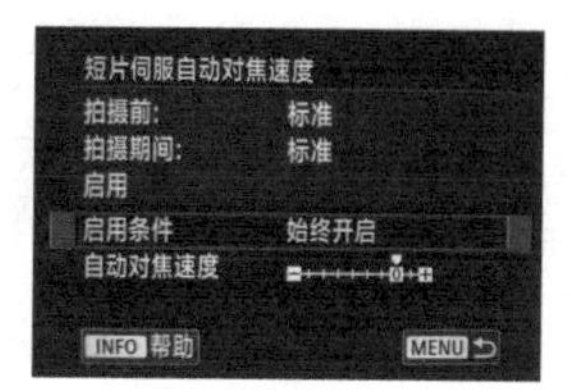

在“AF”菜单3中点击“短片伺服自动对焦速度”选项，点击“启用条件”选项。

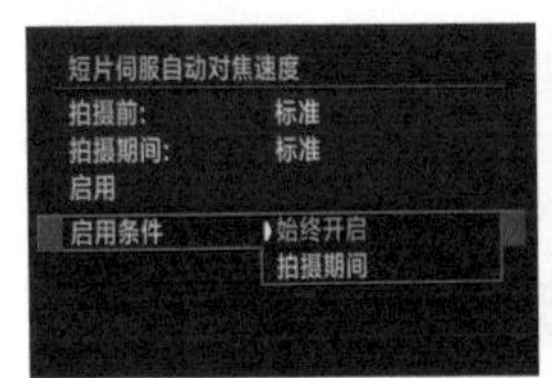

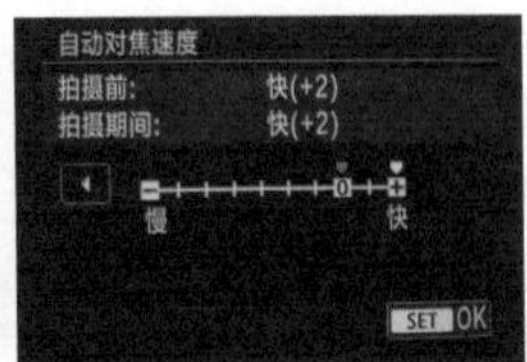

点击选择“始终开启”或“拍摄期间”选项，向左或右滑动滑块可设置自动对焦速度，然后按SET按钮确定。

选择“始终开启”，那么在“自动对焦速度”菜单中设置的数值会在短片拍摄前与拍摄中都生效。如果选择了“拍摄期间”，则数值仅在短片拍摄过程中生效。

设置录音参数

启用录音功能后，可以在录制短片的同时，使用相机的内置麦克风录制声音，录制时可以在相机内部设定录制的灵敏度等参数。

但要注意的是，现场录音的音质未必会很好，因此也可以考虑在后期软件中进行音频的制作。

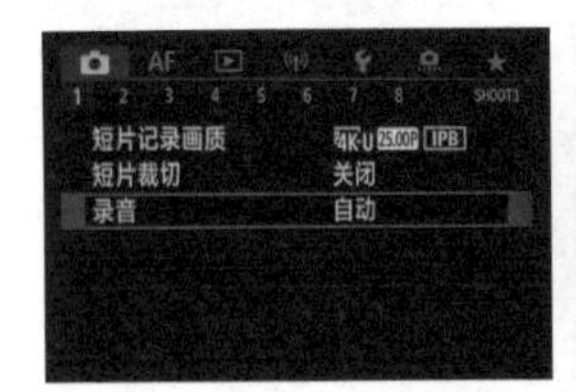

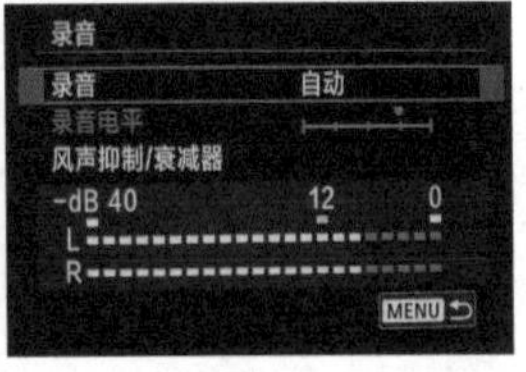

在拍摄菜单1中点击“录音”选项，可以修改不同参数。

在室外大风环境录制视频时，建议将“风声抑制”选项开启，这样可以过滤掉风声噪声。录制声音较大的动态影像时，建议将“衰减器”设定为“启用”，这样可以最大限度地使录制的声音保真。

灵活运用视频拍摄防抖功能

手持相机拍摄视频时，手部的抖动会导致拍摄的视频颤抖严重，给人不舒服的感觉。佳能 EOS R5/R6 具备视频拍摄防抖功能，即数码 IS 功能。开启该功能后，可以有效抑制手部抖动带来的视频颤抖，稳定视频效果。

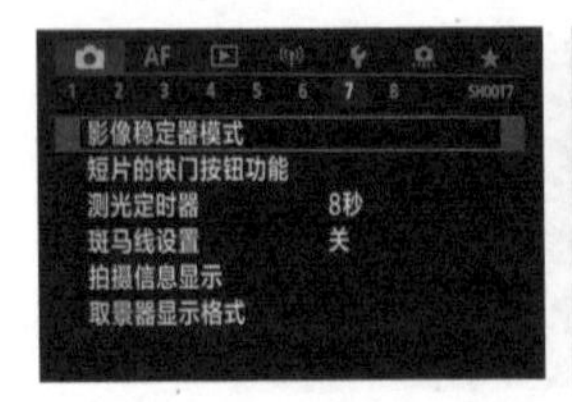

在拍摄菜单7中点击“影像稳定器模式”选项，在“数码IS”中选择“开”或“增强”选项，然后按SET按钮确定。

镜头焦距越短，视野越广，则防抖效果越明显。需要注意的是，在使用三脚架拍摄时由于相机本身无抖动，一般应该关闭该功能。

在拍摄夜景视频短片时，如果是手持拍摄，建议打开视频拍摄防抖功能以获得更好的画质以及流畅的效果。

11.4 拍摄快或慢动作视频

拍摄延时短片

延时短片是非常特殊的一类视频形式。要获得这种视频，需要获得大量的同一视角的静止图像，这些静止图像要有一定的时间间隔。最终将这些静止图像拼接在一起，在极短的时间内演绎较长时间的拍摄场景变化。

举一个例子来说，使用三脚架稳定好相机后就不再挪动（当然，借助于专用的轨道，也可以拍摄视角有变化的延时短片）。然后每隔 10s 拍摄一张照片，这样拍摄 24h。再将这些照片利用视频后期剪辑软件拼在一起，最终视频长度将会是 6min 多一些（按 24 帧 / 秒进行计算），却演绎完了 24h 的变化。从这个角度看，这更像是一种视频快进。但由于视频的每一帧都是很好的照片，所以播放时会看到画面质量是很好的，远好于视频快进。

延时摄影在最近几年变得很火，非常有利于拍摄植物成长、一天之中景物的光影变换、天体运动等题材。其实上文我们介绍的便是进行延时摄影拍摄的做法，用户不仅要拍摄，还要掌握在视频后期剪辑软件中将照片合成视频的技巧。佳能 EOS R5/R6 则将用户从视频后期剪辑的工作中解放了出来，可以在相机内直接设定拍摄延时短片，最终输出的不再是多张照片，而是“完美”的延时短片。

具体拍摄时的操作也比较简单，用户只要在视频拍摄菜单 5 中选择延时短片功能，对拍摄的参数进行设定之后，接下来就是等待短片拍摄完成、回放拍摄的短片了。

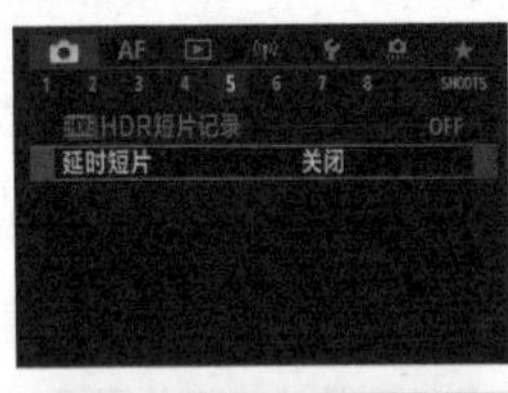

在拍摄菜单 5 中点击“延时短片”选项，将“延时”功能启用，之后即可对间隔、张数、短片记录尺寸、自动曝光、屏幕自动关闭以及拍摄图像的提示音选项等进行设置。

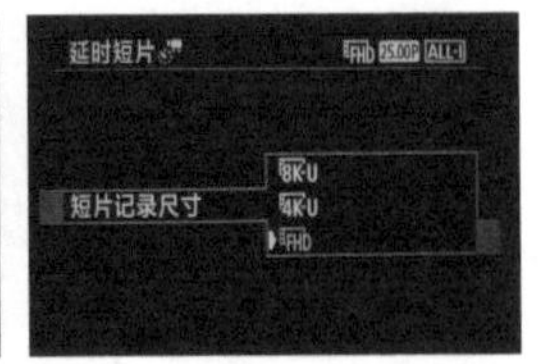

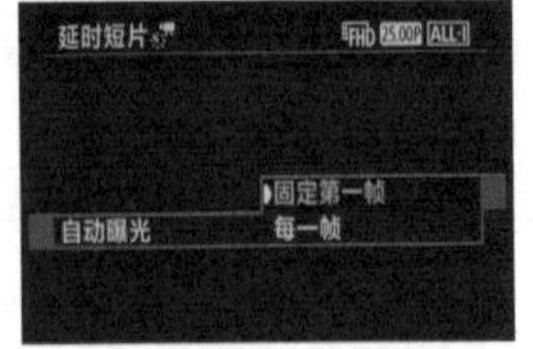

“间隔”是指每隔多长时间拍摄一张照片，“张数”是指限定总共拍摄多少张照片。“自动曝光”选择“固定第一帧”选项，则拍摄第一张照片时会根据测光自动设定曝光，首次曝光的参数将应用到之后的拍摄当中；选择“每一帧”则每次拍摄都会重新测光。

完成设置后，相机最终会在下方显示要拍摄多长时间，以及按当前参数拍摄的视频放映时长。设定好参数之后，可先进行试拍，确认对焦、光圈、快门速度、感光度等设定没问题之后，就可以按机身的短片拍摄按钮开始拍摄了，接下来需要做的就是等待。

延时短片在播放时会有很明显的特征，人眼看来近乎静止的对象会在视频中拖出漂亮的动感模糊轨迹，而其他景物则处于静止状态。视频的整体动感很强，可让人感到震撼。

拍摄高帧频短片

慢动作拍摄可以将短时间内的动作变化以更高的帧速率记录下来，并且在播放时以高倍速慢速播放，使观众可以更清晰地看到某个过程中的每个细节，一般用于记录肉眼无法捕捉的瞬间。拍摄快或慢动作视频可以记录动作激烈的体育运动场景、鸟儿起飞的瞬间、花蕾开花的样子以及云彩和星空变化的模样等。在拍摄高帧频短片以及延时短片时，声音是不会被记录的。

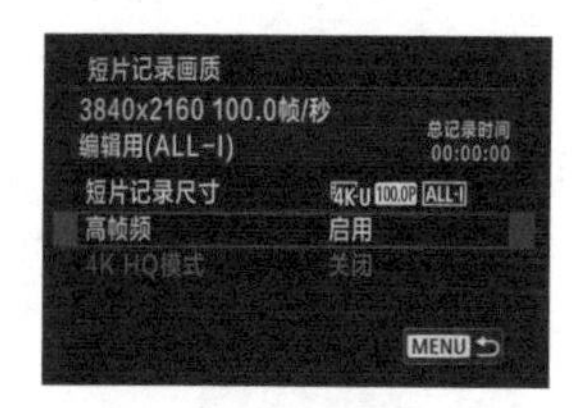

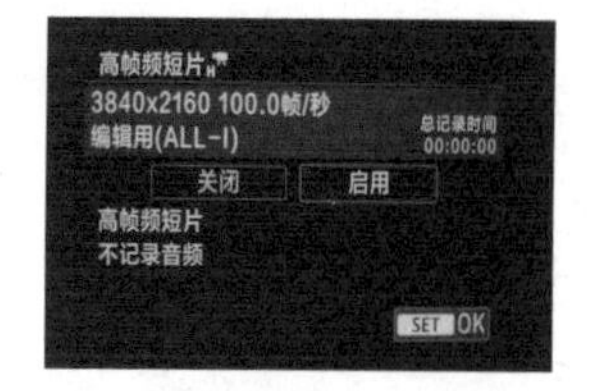

在“短片记录画质”菜单中将“高帧频”选项启用，然后按SET按钮确定。

下表所示为拍摄高帧频短片时的帧速率与记录帧速率的关系，以供参考。

S&Q 帧速率 / 帧·秒 $^{-1}$	S&Q 记录帧速率		
	25p	50p	100p
200	8 倍慢速	4 倍慢速	2 倍慢速
100	4 倍慢速	2 倍慢速	通常的播放速度
50	2 倍慢速	通常的播放速度	2 倍快速
25	通常的播放速度	2 倍快速	4 倍快速
12	2.08 倍快速	4.16 倍快速	8.3 倍快速
6	4.16 倍快速	8.3 倍快速	16.6 倍快速
3	8.3 倍快速	16.6 倍快速	33.3 倍快速
2	12.5 倍快速	25 倍快速	50 倍快速
1	25 倍快速	50 倍快速	100 倍快速

以高速快门抓拍飞行中的鸟类时，开启高帧频功能能让视频画面变得更有趣、耐看。

11.5 利用 Canon Log 保留画面中的更多细节

什么是伽马曲线与 Log

伽马（Gamma）就是成像物件形成画面的“反差系数”。如果伽马曲线比较陡，则输出的画面反差比较大；如果伽马曲线比较缓，则输出的画面反差比较小。所谓伽马，其实就是一个“成像物件”对入射光线做出的“反应”。然后根据不同亮度下的不同反应值获得的曲线，就是伽马曲线。

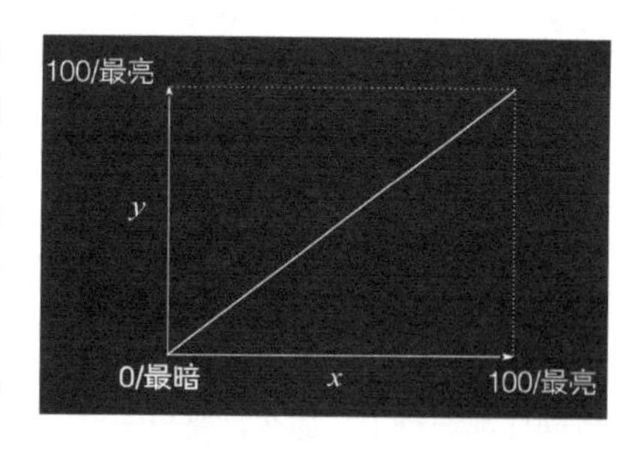

709 模式下的伽马曲线

人眼是非线性的“设备”，当提高 2 倍的亮度时，人眼可能会觉得没什么区别，觉得只亮了一点点；当提高到 8 倍亮度时，人眼可能就觉得“这应该比原来亮 2 倍了”。正因为人眼这种特性，人眼可以同时看清亮度差别很大的物体，比如我们逆着阳光，可以看清天上的云朵和树干上的纹理；在黑暗的房间里，我们可以同时看清蜡烛的火焰和角落里的拖鞋；这些物体（云朵和树干、蜡烛和拖鞋）的亮度差非常巨大，人眼并不会觉得它们亮度差很远，而物体实际亮度却暗了很多或亮了很多，这就是非线性“设备”的本事。

人眼作为一个“成像物件”，其伽马曲线不是一条直线，说明人眼对光线的反应是非线性的。而胶片和 CCD、CMOS 也是成像物件，它们对光线的反应又如何呢？

胶片在发明和发展的过程中，用化学成像的方式充分模拟了人眼的“非线性感受光的能力”。胶片在其宽容度范围内，对光线强弱变化的反应比较接近人眼，因此胶片经曝光、冲洗获得的相片，我们就认为是“正确和真实”的，因为胶片所拍摄到的画面跟我们看到的差不多。

CCD、CMOS 的成像方式是通过像点中的“硅”来感受光线的强弱而获得画面。而硅感光是物理成像，它能真实地反映光线强度的变化，“来多少就输出多少”，因此它对光线的反应是线性的。于是，它的伽马曲线跟人眼的伽马曲线就冲突了。看下页上图所示的两个伽马曲线。

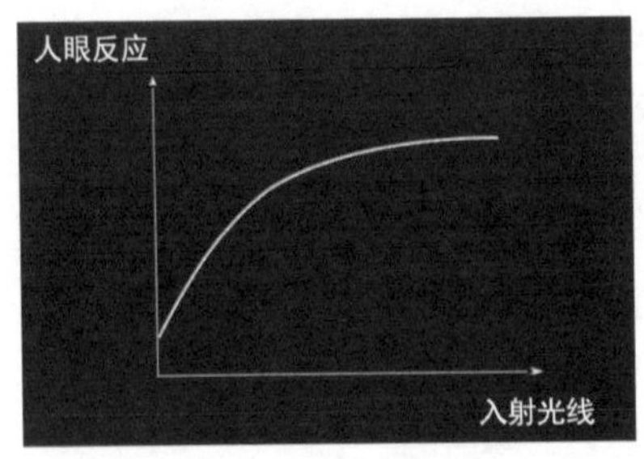

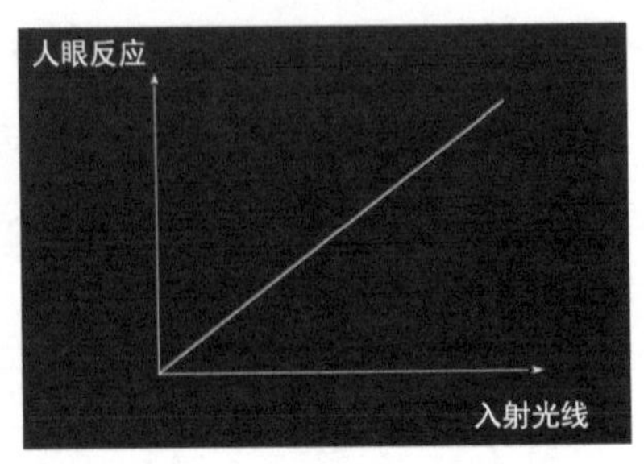

两图来自同一个场景，左图是人眼看到画面的伽马曲线，横坐标是入射光线，纵坐标是人眼反应。右图是 CCD 成像画面的伽马曲线。

入射光线从全黑到有一点亮度的时候，我们人眼就觉得“嗯，够亮了”。然后，光线继续加强，到了很强的时候，我们人眼的反应却变得非常迟钝，亮度再提高，也不会觉得亮了很多。人眼对光线变化的这条“反应曲线”就是人眼的“伽马曲线”。右图是 CCD 成像画面的伽马曲线，实际上，CCD 获得的光线跟人眼获得的光线是一样的，只是反应不同。换句话说，人眼所获得的画面数据，CCD 也同样都获得了。那么，要想输出一张“像人眼看到的那样”的画面，只需要调整一下“对光线的反应”就可以了（将线性改为非线性）。

因此各大厂商就推出了符合各家 CMOS 的伽马曲线，这就有了我们现在统称的 Log。比如佳能的 Canon，索尼 S-Log，松下 V-Log 以及 BMD 电影模式。这样画面的宽容度就会大大提高，使得阴影和高光的细节都能保存下来，更接近人眼的视觉。

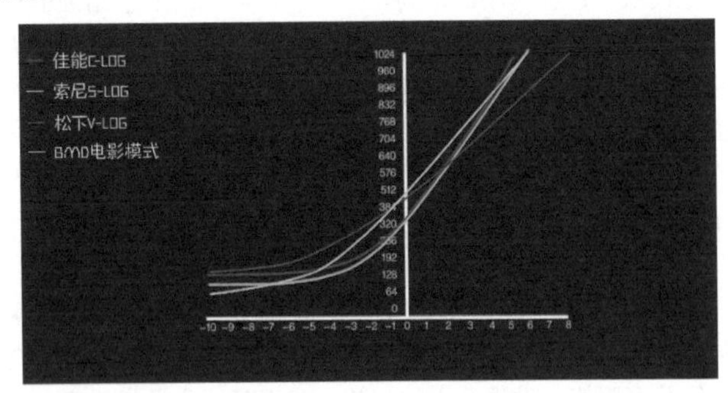

各大厂商推出的伽马曲线

Canon Log 设置

通过 Canon Log 伽马曲线可发挥图像感应器的特性，来为后期制作中要处理的短片获取宽广的动态范围。在将阴影和高光的细节损失控制在最小范围的情况下，短片在整个动态范围内可保留更多的可视信息。

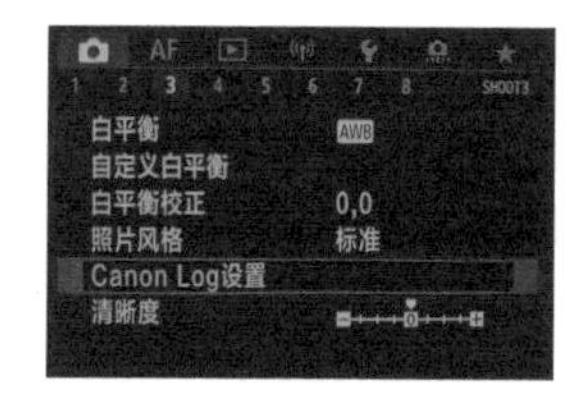

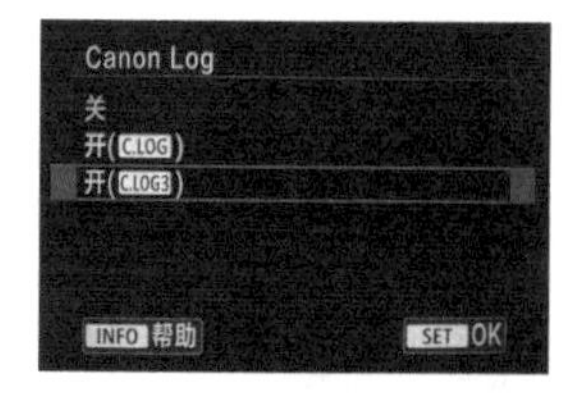

在拍摄菜单3中点击“Canon Log设置”选项，选择录制C.LOG或C.LOG3格式的视频短片。

C.LOG与C.LOG3是佳能EOS微单中最有名的两条伽马曲线。首先是C.LOG，它具有伽马曲线中最广的动态范围，以至于即使画面具有强烈的明暗对比也能得到丰富的细节。使用C.LOG拍摄出来的原片画面是灰蒙蒙的，只有通过后期处理才能还原出真实的画面。而C.LOG3与C.LOG相比动态范围更广，原片的对比度更低，适合拍摄光比非常大的场景。

虽然C.LOG相对其他伽马曲线来说，宽容度要大一些，也必须要配合使用后期处理。但C.LOG并不适合拍摄所有题材，因为C.LOG在参数上感光度最低起步是ISO500或者ISO800，我们知道，高感光度是很容易让画面产生噪点的。因此在光线充足或者光线不足且明暗对比不大的场景，是不适合使用C.LOG来拍摄的。

这是使用Canon Log曲线拍摄的原片与经过LUT还原后的对比图。可以看到，原片（左下）是灰蒙蒙的一片，对比度与饱和度都很低，却极大保留了高光与阴影的细节，经过色彩还原后的画面（右上）是十分漂亮的。

开启 Canon Log 时的辅助功能

由于 Canon Log 图像特性的原因（为了确保宽广的动态范围），在相机上播放时，相应短片与应用照片风格记录的短片相比，可能看起来发暗且反差较低。为了更清晰地显示并轻松实现对细节的查看，需要开启“查看帮助”功能来保证前期拍摄曝光准确。

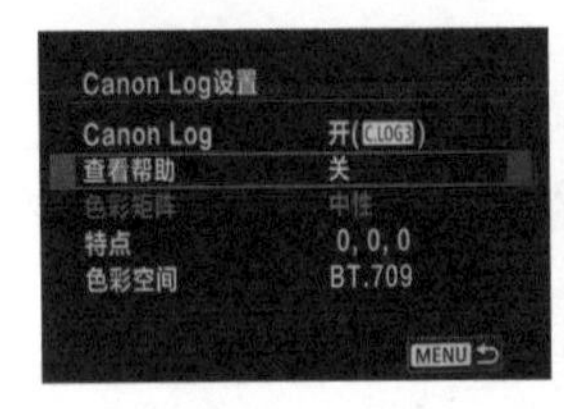

在 Canon Log 设置菜单中点击“查看帮助”选项，将其设置为“开”。

拍摄照片时有高光警告来提示过曝区域，而使用佳能 EOS R5/R6 录制视频时，同样可以开启斑马线功能来使指定亮度级别以上的图像区域显示斑马线，从而精确定位过暗或过亮区域。

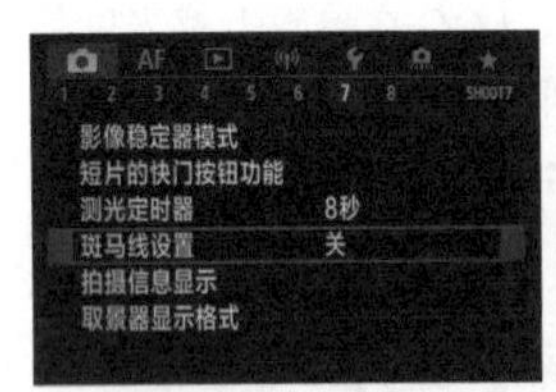

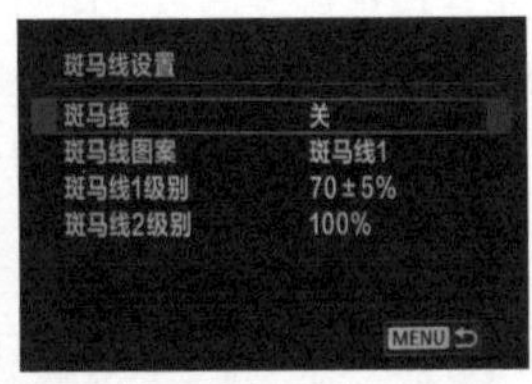

在拍摄菜单 7 中点击“斑马线设置”选项，将“斑马线”设置为“开”。

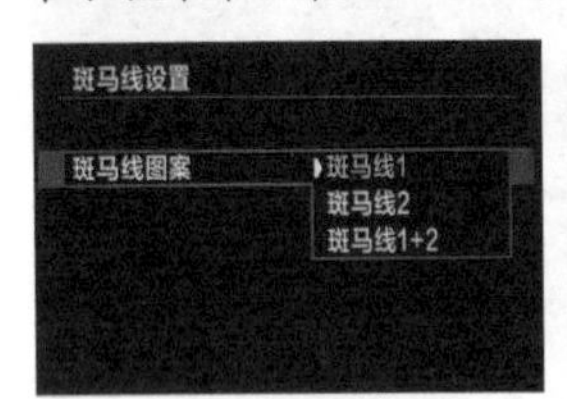

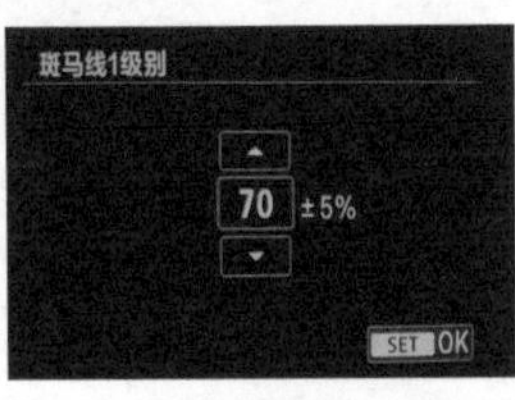

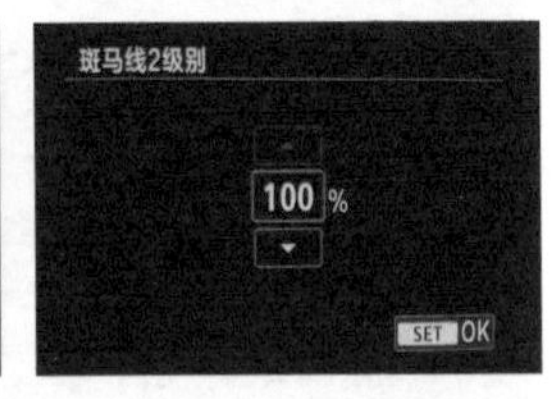

选择不同种类的斑马线，设置斑马线 1 级别和斑马线 2 级别。

需要进行讲解的是：斑马线 1 将在指定亮度区域周围显示向左倾斜的条纹；斑马线 2 则会显示向右倾斜的条纹；而斑马线 1+2 将同时显示两种斑马线，并且会在两种区域重叠时显示重叠的斑马线。斑马线级别代表画面中超过用户所设定亮度数值的部分会显示不同种类的斑马线。

斑马线 1 的显示效果